"婴幼儿托育服务与管理"系列精品教材

婴幼儿
生活照护与回应

主　编◎陆　艳　郝焕香

副主编◎肖苗苗　于　飞　王红灵

参　编（按姓氏笔画排序）

赵芝芝　赵燕芝　祝　悦

郭钊洁　曹永存

U0295552

上海交通大学出版社

SHANGHAI JIAO TONG UNIVERSITY PRESS

内容提要

本书为婴幼儿托育专业核心课程教材,以回应性照护为核心展开婴幼儿生活照护。全书突出职业特色,具有实操性,体现了情境化的教学理念。全书分为七个项目,分别是婴幼儿进餐照护与回应、婴幼儿饮水照护与回应、婴幼儿清洁照护与回应、婴幼儿睡眠照护与回应、婴幼儿出行照护、婴幼儿家庭日常护理与回应、婴幼儿家庭常见意外伤害照护。每个模块设置了任务情境、任务目标、知识储备、任务实施、任务评价等内容,另有教学设计方案、课件等资源可供教学参考。书中有大量的微课资源,读者可扫描书中二维码观看。本书可作为职业院校婴幼儿托育服务与管理、早期教育、学前教育等相关专业的教材,也可供托育机构的管理人员及保教人员参考使用。

图书在版编目(CIP)数据

婴幼儿生活照护与回应 / 陆艳,郝焕香主编 . 一上海:上海交通大学出版社,2023.8
ISBN 978-7-313-28861-5

Ⅰ. ①婴… Ⅱ. ①陆… ②郝… Ⅲ. ①婴幼儿—哺育—教材 Ⅳ. ① TS976.31

中国版本图书馆 CIP 数据核字〔2023〕第 127953 号

婴幼儿生活照护与回应

YINGYOU'ER SHENGHUO ZHAOHU YU HUIYING

主　　编:	陆　艳　郝焕香		
出版发行:	上海交通大学出版社	地　　址:	上海市番禺路 951 号
邮政编码:	200030	电　　话:	021-64071208
印　　制:	苏州市古得堡数码印刷有限公司	经　　销:	全国新华书店
开　　本:	787mm×1092mm　1/16	印　　张:	13
字　　数:	300 千字		
版　　次:	2023 年 8 月第 1 版	印　　次:	2023 年 8 月第 1 次印刷
书　　号:	ISBN 978-7-313-28861-5	电子书号:	ISBN 978-7-89424-356-0
定　　价:	58.00 元		

前　言

日月其迈，时盛岁新。党的二十大报告指出，我们要深入贯彻以人民为中心的发展思想，在幼有所育上持续用力，建成世界上规模最大的教育体系、社会保障体系、医疗卫生体系，人民群众获得感、幸福感、安全感更加充实、更有保障、更可持续，共同富裕取得新成效。国务院办公厅《关于促进 3 岁以下婴幼儿照护服务发展的指导意见》（国发办〔2019〕15 号），提出了要建立和完善促进婴幼儿照护服务发展的政策法规体系、标准规范体系和服务供给体系的目标。全面发展新型、科学、系统的公共健康服务体系，尤其是对婴幼儿群体和个体的生命关怀，已是国之大策、时代之需、民之所盼。满足社会各界对科学育儿的迫切需求，帮助婴幼儿照护者树立正确的喂养观与照护观，让婴幼儿托育服务与管理专业学生和相关从业者掌握婴幼儿生活照护与回应的核心知识与技能，这也是本套教材编写的初衷。

本教材具有以下特色：

（1）在编写内容上，注重立德树人、知识创新。

作为浙江省第一批课程思政教学研究项目"'课程思政'视域下高职院校学生核心素养及其提升策略研究——以婴幼儿托育服务与管理专业为例"的阶段性成果，本教材充分利用教育部与联合国儿童基金会"生活技能开发"青少年教育合作项目试点学校的优势，整合国内外先进教育资源，形成"价值渗透""职业品格""自我提升""责任担当""呵护成长""实践探究"六方面核心素养主题模块，发挥教材润物无声的育人效果。

同时，本教材紧紧围绕新时代学生的学习特点，在内容的呈现上力求更适合学生的心理特点和认知习惯，语言简明通顺，浅显易懂，生动有趣，图文并茂，引人入胜。

（2）在编写组织上，注重校企合作、岗课融通。

本教材紧紧围绕"从岗位中来，到岗位中去"的人才培养核心理念，挖掘工作任务，设计任务情景，携手行业、企业专家研发课程、建设资源库，同时也是 2022 年嘉兴市产教融合"五个一批"产学合作协同育人项目"现代学徒制模式下婴幼儿托育服务与管理课程建设与实践"和 2022 年嘉兴南洋职业技术学院精品在线开放课程"婴幼儿生活照护与回应"建设成果之一。本教材遵循"两个系统"的课程体系设计与实施思想，不仅设计系统的工作任务挖掘托育职业的典型工作任务，还设计系统的基础知识的讲解和训练，加深学生对专业知识和应用技能的理解，为学生可持续发展奠定良好基础。

本教材以国家职业技能标准《育婴员》为依据，以典型工作任务为载体，以职业能力清单为基础，根据工作流程设计模块化学习任务，有助于学生熟练掌握教育部"1+X"幼儿照护证书涉及的操作技能，如婴幼儿进餐、饮水、清洁、睡眠、出行指导及意外伤害救护等。

（3）在内容设计上，注重利用多媒体资源、打造立体化的学习平台。

本教材关注学习者个体化的学习习惯，配套视频、课件等直观生动的学习资源，通过在线课程平台、智能学习移动终端，构建"在线课程、纸质教材、课堂教学"三位一体的新形态课程体系和立体化的学习环境。

本教材体现了团队智慧，共分为7个项目，陆艳负责项目1的编写，郭钊洁负责项目2的编写，祝悦、肖苗苗负责项目3的编写，于飞负责项目4的编写，赵燕芝负责项目5的编写，曹永存负责项目6的编写，赵芝芝负责项目7的编写，王红灵负责收集企业视频资料，郝焕香负责统稿及文字审定。

本教材在编写过程，得到共青科技职业学院、新灵职业技能培训学校、嘉兴优爱蓓母婴服务有限公司、嘉兴喜悦嫂母婴服务有限公司的大力支持。编写组参考、借鉴和引用了诸多前辈、同行的研究成果，在此一并表示感谢！

由于编者水平有限，书中存在的误漏或欠妥之处敬请读者批评指正。

编写组
2023 年 4 月

目 录

项目 1

婴幼儿进餐照护与回应

关于婴幼儿喂养，关键应该了解三个问题：吃什么，即不同年龄段如何选择食物；如何吃，即培养进食技能；吃得怎样，即婴幼儿与照护者的喂养关系。这就涉及顺应性喂养。

顺应性喂养将社会心理学和儿童发育心理学应用于喂养过程，是在顺应养育模式框架下发展起来的婴幼儿喂养模式，英文为"responsive feeding"，字面意思是"应答式喂食"。顺应性喂养不仅包括提供合理的营养素和营养结构，还包括培养良好的进食技能和进食行为，强调的是照护者应在喂食时鼓励婴幼儿发出饥饿信号，并给予及时、恰当的回应，最后让婴幼儿逐步学会独立进食。

任务 1.1 婴幼儿营养基础

一、任务情境

在某早教机构的餐饮区，家长和孩子们三三两两地坐在小餐桌旁，大家都在愉快地吃饭。2岁半的派派却一直抬头看着挂在墙上的屏幕里播放的视频，慢慢地嚼着嘴里的饭，眼看上课的时间就要到了，妈妈只好快速将剩余的油炸花生塞进派派嘴里。派派咽不下去，委屈地哭起来。

请问妈妈的做法有何不妥？

二、任务目标

知识目标： 理解并掌握人体必需的七大营养素。

技能目标： 熟悉并掌握食物营养等相关科普知识。

素养目标： 了解中国悠久的饮食文化历史，增强文化自信。

三、知识储备

（一）婴幼儿的能量消耗

婴幼儿的能量消耗主要体现在基础代谢、身体活动、食物热效应和生长发育四个方面。基础代谢是人体经过10~12小时空腹和良好的睡眠、清醒仰卧、恒温条件下（一般为22~26℃），无任何身体活动和紧张的思维活动，全身肌肉放松时所需的能量消耗。它是维持人体最基本生命活动所必需的能量消耗，是人体能量消耗的主要部分。人体能量需要量的不同主要是由身体活动水平的不同所致。婴儿身体活动耗能的个体差异较大，多哭好动者可高出平均值2~3倍，而安静少哭的婴儿则可能减半。食物热效应也称食物特殊动力作用，是人体摄食过程引起的额外能量消耗，是人体在对营养素的消化、吸收、合成、代谢转化系列过程中所消耗的能量。生长发育的能量消耗是婴幼儿时期特有的，其中婴儿期处于生长第一高峰期，生长发育耗能约占总耗量的1/3。

知识链接
蛋白质的互补
作用

（二）婴幼儿的营养素需求

人体所需营养素主要包括蛋白质、脂类、碳水化合物、矿物质、维生素、水和膳食纤维七大类。其中，蛋白质、脂类、碳水化合物在体内代谢过程中可产生能量，称为产能营养素，它们是人体必需的营养素，不仅具有重要的生理作用，还是机体热能的来源。矿物质、维生素、水和膳食纤维是非产能营养素。

（三）婴幼儿的能量需要

能量需要量是指长期保持良好的健康状态，维持良好的体形、机体构成以及理想活动水平的个体或群体，达到能量平衡时所需要的膳食能量摄入量。婴幼儿能量需要量主要包含两方面：一是每日总能量消耗量；二是组织生长的能量储存量。

2013 版的《中国居民膳食营养素参考摄入量》对 0~3 岁婴幼儿的膳食能量需要量进行了说明，如表 1-1 所示。国际上通用的能量单位是焦耳（J）、千焦耳（kJ 和兆焦耳（MJ）。营养学习惯使用的能量单位是卡（cal）和千卡（kcal）。单位换算关系如下：1 J=0.239 cal。

表 1-1　0~3 岁婴幼儿的膳食能量的需要量

年龄	能量					
	男			女		
	身体活动水平（轻）	身体活动水平（中）	身体活动水平（重）	身体活动水平（轻）	身体活动水平（中）	身体活动水平（重）
1 岁		900 kcal/d			800 kcal/d	
2 岁		1 100 kcal/d			1 000 kcal/d	
3 岁		1 250 kcal/d			1 200 kcal/d	

2021 年底，国家卫健委组织编写的《婴幼儿喂养与营养》对托育机构婴幼儿每日食物量提出了建议，如表 1-2 所示。

表 1-2　托育机构婴幼儿每日食物量

年龄	7~8 月龄	9~12 月龄	12~24 月龄	24~36 月龄
餐次安排	母乳喂养 4~6 次，辅食喂养 2~3 次	母乳喂养 3~4 次，辅食喂养 2~3 次	学习自主进食，逐渐适应家庭的日常饮食。幼儿在满 12 月龄后应与家人一起进餐，在继续提供辅食的同时，鼓励尝试家庭食物，类似家庭的饮食	三餐两点
母乳喂养	先母乳喂养，婴儿半饱时再喂辅食，然后再根据需要哺乳。随着婴儿辅食量增加，满 7 月龄时，多数婴儿的辅食喂养可以成为单独一餐，随后过渡到辅食喂养与哺乳间隔的模式	600 mL	在母乳喂养的同时，可以逐步引入鲜奶、酸奶、奶酪等乳制品。不能母乳喂养或母乳不足时，仍然建议以合适的幼儿配方奶作为补充，可引入少量鲜奶、酸奶、奶酪等，作为幼儿辅食的一部分奶量应维持约 500 mL	
奶及奶制品	>600 mL	600 mL	500 mL	300~500 mL
鱼畜禽蛋类	开始逐渐每天添加 1 个蛋黄或全蛋和 50 g 肉禽鱼，如果对蛋黄/鸡蛋过敏，需要额外再增加肉类 30 g	鸡蛋 50 g、肉禽鱼 50 g	鸡蛋 25~50 g、肉禽鱼 50~75 g	鸡蛋 50 g、肉禽鱼 50~75 g
谷物类	20~50 g	50~75 g	50~100 g	75~125 g
蔬菜、水果类	根据婴儿需要适量	每天碎菜 50~100 g、水果 50 g，水果可以是片块状或手指可以拿起的食物	蔬菜 50~50 g、水果 50~150 g	蔬菜 100~200 g 水果 100~200 g
大豆				5~15 g
烹调油	0~5 g	5~10 g	5~15 g	10~20 g
精盐			0~1.5 g	<2 g
水				600~700 mL

四、任务实施

根据任务要求，完成任务实训活页（见表 1-3）。

表 1-3　任务实训活页

（一）实施任务： 根据所学知识，为 2 岁 6 个月的派派搭配一日三餐三点。
（二）确定组内角色及分工： 组长：　　　　　　　　　　　　　　　　任务： 组员 1：　　　　　　　　　　　　　　　任务： 组员 2：　　　　　　　　　　　　　　　任务： 组员 3：　　　　　　　　　　　　　　　任务：
（三）实施目标：
（四）实施步骤：

五、任务评价

分别从自我、组间、教师等角度对学生的任务实施过程进行点评（见表1-4）。

表1-4　任务实施评价

项目	评分标准	自我评价	组间评价	教师评价
任务完成过程（70分）	能够正确理解任务，并进行合理分工			
	能够根据任务资料，分析并制定任务目标			
	能够正确搭配0~3岁婴幼儿食谱			
	能够通过自主学习，完成学习目标			
	积极参与小组合作与交流，配合默契，互帮互助			
	能够利用信息化教学资源等完成工作页			
	能很好地展示活动成果			
学习效果（30分）	实施目标设定合理			
	达成预期知识与技能目标			
	达成预期素养目标			
合计				

自我评价与总结

教师评价

六、课后习题

（一）选择题

1.膳食纤维的功能不包括（　　　）。

    A.能促进肠道蠕动　　　　　　　　B.预防结肠和直肠癌

    C.促进锌的吸收　　　　　　　　　D.有饱腹感

2.0~6个月婴儿需要的水分不能从（　　　）中获得。

    A.果汁　　　　　　B.母乳　　　　　　C.配方奶　　　　　　D.水

3.缺铁的婴幼儿最合适补充的食物是（　　　）。

    A.乳类食品　　　　B.西红柿　　　　　C.猪肝　　　　　　　D.胡萝卜

4.烹制婴儿食物注意事项：膳食（　　　）。

    A.尽量清淡　　　　　　　　　　　B.不要过油、过生、过硬

    C.不要过咸、过浓　　　　　　　　D.以上都是

5.能量消耗占所需总能量的比例最高的是（　　　）。

    A.基础代谢　　　　B.身体活动　　　　C.食物热效应　　　D.生长发育

6.婴幼儿长期锌缺乏会导致（　　　）。

    A.血红细胞减少，产生贫血　　　　B.佝偻病和手足抽搐

    C.异食癖、食欲减退、伤口愈合差等　　D.甲状腺功能不足，智力低下，呆傻等

7.根据2021年《托育机构婴幼儿喂养与营养指南》，24~36个月婴幼儿每天的食物中应食用蔬菜和水果（　　　）。

    A.100~150 g　　　B.100~200 g　　　C.50~75 g　　　D.75~100 g

（二）判断题

1.人体所需的营养素有蛋白质、脂类、碳水化合物和维生素共四大类。（　　　）

2.在膳食中所占比重大的营养素称为宏量营养素，如蛋白质、脂类、碳水化合物。

（　　　）

3.奶油是奶制品，可以让婴儿多吃。（　　　）

（三）简答题

1.婴幼儿的能量需要有哪些？

2.什么是顺应性喂养？

任务 1.2 进食技能发育指导

一、任务情境

派派自 6 个多月以来，一直吃的都是泥状食物，如含铁米粉、蔬菜泥、水果泥、肉泥等，结果 1 岁了，还不会咀嚼食物。妈妈认为派派年龄还小，牙都没长出来几颗，胃肠功能弱，软烂的食物有利于消化吸收。

请问派派的食物性状需要改变吗？妈妈的想法有何不妥？

二、任务目标

知识目标：（1）理解并掌握婴幼儿消化系统的发育。
　　　　　　（2）掌握婴幼儿进食技能的发育规律。
技能目标： 能正确培养婴幼儿的进食技能。
素养目标： 具有培养婴幼儿良好饮食习惯的耐心和责任心。

三、知识储备

（一）婴幼儿消化系统的发育

消化系统由消化道和消化腺两部分组成。如图 1-1 所示，消化道是一条起自口腔延续为咽、食管、胃、小肠、大肠，终于肛门的很长的肌性管道，其经过的器官包括口腔、咽、食管、胃、小肠（十二指肠、空肠、回肠）及大肠（盲肠、结肠、直肠）等。消化腺有唾液腺、胃腺、肝脏、胰腺和肠腺 5 个。

1. 口腔

口腔是消化道的起端，包括牙齿、舌、唇、

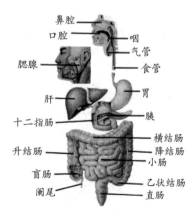

图 1-1　人体消化系统

颊、颌骨和唾液腺。口腔承担着咀嚼、消化、味觉、感觉和语言功能。新生儿口腔没有牙齿，但是牙坯已经出齐，不能咀嚼，但能吞咽，吞咽功能已经完善。新生儿从出生到百天，唾液分泌较少，在这段时间，婴儿应多进食液体食物，以减少对唾液的消耗。新生儿的口腔黏膜细嫩，供血丰富。由于唾液腺发育不完善、唾液少，所以口腔黏膜比较干燥，易受损伤、合并细菌感染。出生后 3~4 个月唾液腺发育完全，唾液的分泌量增加，淀粉酶含量也增多，由于婴儿口腔较浅，又不会调节口内过多的唾液，因而出现流涎现象，即所谓生理性流涎。婴儿在 6~7 个月开始长门牙，最下面两颗牙先长出来，到了 1 周岁已经长出 8 颗切牙了。此时的婴儿不仅要吃母乳，还要增加辅食的摄入，此时含有淀粉酶的唾液与辅食混合，具有分解淀粉和帮助吞咽的功能。

2. 食管、胃

食管的功能主要有两个：一是推进食物和液体由口腔进入胃；二是防止胃内容物返流。新生儿和婴儿的食管是漏斗状。新生儿的食管长 10~11 cm，缺乏腺体，食管壁肌肉发育未臻完善，弹性较差，易损伤。

新生儿的胃有如下特点：一是呈水平位，容易导致吐奶。二是上部贲门较宽，下部幽门紧，故婴儿易发生呕吐和溢乳。三是酶活性低。对比成人，婴儿分解乳糖的乳糖酶仅有 70%，帮助消化蛋白质的肠激酶仅 25%，酶活性低容易导致乳糖和蛋白质消化不良进而引起胀气。四是胃容量小。刚出生时婴儿胃容量只有 5~13 mL，约 1 个小樱桃；第 3~6 天，胃容量 22~27 mL，相当于一个小草莓；1 周之后，胃容量可达 60 mL；到满月时能达到 120 mL；满月后胃容量持续增长，直到 6 个月后，大约达到 240 mL。由于胃很容易胀满，奶装不下就会被吐出来。具体如图 1-2 所示。

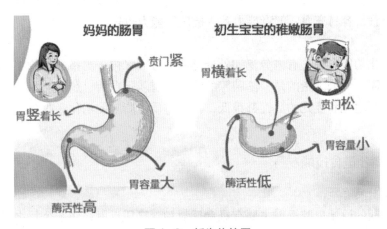

图 1-2　新生儿的胃

婴儿胃排空时间因食物种类的不同而有所差异，水喂养为 1~1.5 小时，母乳喂养为 2~3 小时，人工配方奶粉喂养为 3~4 小时。此外，由于母乳中富含脂肪酶，故母乳的脂肪较易消化，而人工配方奶粉会在胃中停留更长一些。

3. 肠

婴儿期的宝宝肠壁肌肉功能不强，肠道内易出现胀气。肠管较长，肠道的长度达到身长的 6 倍，而成人只有身高的 4 倍。婴儿每千克体重营养量的需求要比成年人高，正是由于肠道比较长，营养更易吸收。

知识链接
肠胀气

肠黏膜发育较好，含有丰富的血管及淋巴以及发育良好的绒毛。由于婴儿的肠黏膜对不完全分解产物，尤其对微生物的通透性较成人高，所以没有充分消化的物质或肠毒素易从肠壁渗入血液，导致中毒，比如中毒性消化不良，还常伴随脑、心功能不全而导致严重症状。

肠的肌层发育不足。肠的运动形式有两种：一种是钟摆式运动，它能促进肠内容物的消化和吸收；另外一种是蠕动式运动，它可以推动食物向下运转。食糜的刺激可增强肠蠕动。食物通过肠道的时间，个体差异很大，12~36 小时不等，人工配方奶粉喂养者可延长到 48 小时。

除此之外，婴儿消化能力比较弱，1 周岁内的婴儿除了按需喂奶，还要合理增加辅食。因此，不应随意给婴儿吃难以消化的食物，避免引起婴儿腹泻。

4. 肝脏

婴儿的肝脏体积占据身体很大比例，大概有整个身体的 5%，而成年人的肝脏仅有身体的 2.5%。一方面，肝脏具有消化脂肪的功能，肝脏分泌的胆汁能够将大分子的乳脂乳化成小分子的乳糜颗粒，促进脂肪的进一步消化。另一方面，肝脏还具有解毒的功能，食物及药物在体内代谢产生的有毒有害物质需要通过肝脏分解，再随胆汁或尿液排出体外。

新生儿肝脏尚未发育成熟，肝脏酶系统尚不完善，容易出现生理性黄疸。婴儿时期，肝脏细胞发育不全，胆汁分泌不足，对脂肪的消化、吸收能力差。肝脏组织脆弱，肝内有丰富的毛细血管，容易充血，解毒能力差，抗感染能力也较差。

5. 胰腺

胰腺和消化功能有关，有内分泌和外分泌两大方面。内分泌指的是分泌胰岛素，主要参与调控糖代谢。外分泌指的是分泌胰腺的液体，有胰蛋白酶、胰脂肪酶、胰淀粉酶。这三种胰腺酶在新生儿和婴儿的活性都很低，对蛋白质、脂肪的消化吸收功能较弱，容易发生消化不良。

（二）婴幼儿进食技能发育

1. 口腔反射发育

婴幼儿时期的原始口腔反射主要有觅食反射和舌挤压反射，在 6 个月之后，这些口腔反射就会消退。

觅食反射通常在胎儿 28 周龄时出现，是婴儿出生时就具有的一种最基本的进食动作。手指或母亲乳头触及新生儿一侧面颊时，新生儿的头会转向该侧，似"觅食"状，因此医护人员会在新生儿出生后尽快将他抱到妈妈的身边，让他与妈妈开始有一些肌肤接触。2~3 周龄后新生儿逐渐习惯不哺乳时母亲乳头触及面颊，可不出现"觅食"动作，可直接吸吮。觅食反射是婴儿出生后为获得食物、能量、养分而必定会出现的求生需求。当婴儿长大到 3~4 个月之后，感觉到肚子饿时，用哭来表现，就会有人来喂奶，于是慢慢改以行为表现来表达需求，因此觅食反射也将慢慢消失。

舌挤压反射，也叫挺舌反射，是一种先天非条件反射。当婴儿长大到 3~4 个月之后，一些 7 个月以内，舌头会对进入嘴里的固体食物推出，以防止外来异物进入喉部导致窒息。婴儿最初的这种对固体食物的抵抗可被认为是一种保护性反射。该反射消失一般会看作可以适当喂养婴儿半固体或者固体辅食的重要标志。注意：在转乳期用勺添加新的泥状食物时一般要尝试 8~10 次才能成功。

2. 吸吮与吞咽发育

婴儿口腔小、舌短而宽、无牙、颊脂肪垫、颊肌与唇肌发育好，这种解剖结构使其具有较好的吸吮能力和吞咽功能。随着食物性状由纯乳类到半固体再到固体的变化，婴儿在获取食物的过程中，舌的形态亦逐渐变化，舌系带逐渐吸收，舌尖变长。2 岁后舌形态近似于成人。婴儿吞咽时咽—食管括约肌不关闭，食管不蠕动，食管下部的括约肌不关闭，易发生溢乳。2 月龄左右的婴儿吸吮动作发育成熟。4 月龄婴儿的吸、吞动作可分开，可随意地吸吮。

婴儿的吞咽是由反射引起的，舌尖抬高，舌体顶着上颚，挤压乳汁到咽部，声门关闭，刺激咽部的触觉感受器引起吞咽，乳汁进入食管。整个过程仅需数秒钟，受脑干的吞咽中枢控制。4~6 月龄时舌体下降，舌的前部逐步开始活动，可判别食物所在的部位，食物放在舌上可咬或者吸，食物被送达舌后部时吞咽。

吸吮母乳时，婴儿的嘴轻压乳头，舌、上颚吸收乳头，使口腔产生负压吸吮力，乳汁被"推"到咽部而吞咽。奶瓶喂养时婴儿吸吮奶乳头的压力低，易于吸出，乳汁通过颌和舌的前部挤压硬腭压出乳汁。足月儿吸 10~30 次停顿 1 次，吞咽：呼吸：吸吮以 1:1:1 的方式进行。喂养困难婴儿可见"吸吮差"，呼吸、吸吮、吞咽协调差。吸吮协调差表现为吸吮活动无节律；功能不全表现为异常颌和舌的活动所致的喂养障碍。

吸吮发育成熟后，出现舌体前部至后部的运动，即有效吞咽。2 月龄左右的婴儿吸吮动作更成熟；4 月龄时婴儿吸、吞动作可分开，可随意吸、吞；5 月龄婴儿吸吮力强，上唇可洗净勺内食物，从咬反射到有意识咬的动作出现；6 月龄婴儿可有意识张嘴接受勺及食物，嘴和舌协调完成进食，下唇活动较灵活，进食时常噘嘴，以吸吮动作从杯中饮，常呛咳或舌伸出；8 月龄婴儿常常以上唇吸吮勺内食物。食物的口腔刺激、味觉、乳头感觉、饥饿感均可刺激吸吮的发育。让婴儿较早感觉愉快的口腔刺激，如进食、咬东西、吃拇指有利于以后进食固体食物。

3. 咀嚼发育

咀嚼是由各咀嚼肌有顺序地收缩所组成的复杂的反射性动作。咀嚼动作的发育是婴幼儿食物转换所必需的。

食物进入口腔，食物团块使下颌下移，咀嚼肌肉使下颌关闭，连续的反射引起咀嚼动作。5 月龄左右的婴儿出现上下咬的动作，表明咀嚼食物的动作开始发育（与乳牙萌出与否无关）；6~7 月龄的婴儿可接受切细的软食；9~12 月龄的婴儿学习咀嚼各种煮软的蔬菜、切碎的肉类；1 岁左右的婴幼儿舌体逐渐上抬、卷裹食物团块，

知识链接
婴儿添加
辅食信号

下颌运动使食物团块在口腔内转动并送到牙齿的切面，可磨咬纤维性食物；2 岁左右的婴幼儿舌体和喉下降到颈部，口腔增大，可控制下颌动作和舌向两侧的活动，随吞咽动作发育成熟，嘴唇可控制口腔内食物。

咀嚼功能发育需要适时的生理刺激，以及后天的学习训练。出生后 4~7 个月是婴儿咀嚼能力发育的关键期，引入固体食物前，应有 1~2 个月训练儿童的咀嚼和吞咽行为。错过咀嚼、吞咽行为学习的关键期，婴幼儿将表现出不成熟的咀嚼和吞咽行为。比如进食固体食物时出现呛、吐出或者含在嘴里不吞的现象。因此，在 4~5 月龄时，让婴儿吸吮手指、抓物到口、用唇感觉物体。7 月龄时有意训练婴儿咀嚼指状食物，从杯中咂水。8 月龄以后让婴幼儿开始学用杯喝奶、感受不同食物的质地。9 月龄时开始学用勺自喂。1 岁后断离奶瓶开始学习刷牙。这些方法都有利于降低婴幼儿口腔敏感性，提高婴幼儿口腔肌肉协调性，促进婴幼儿咀嚼功能的发育。

食物转换有助于婴幼儿神经心理发育，引入时应注意培养婴幼儿的进食技能，如用勺、杯进食可促进口腔动作协调，学习吞咽；从泥糊状食物过渡到碎末状食物可帮助学习咀嚼，并可增加食物的能量密度；用手抓食物，既可增加婴幼儿进食的兴趣，又有利于促进手眼协调和培养婴幼儿独立进食能力。在食物转换过程中，婴幼儿进食的食物质地和种类逐渐接近成人食物，进食技能亦逐渐成熟。

四、任务实施

根据任务要求，完成任务实训活页（见表 1-5）。

表 1-5　任务实训活页

（一）实施任务： 根据所学知识，为不同月龄（6 月、8 月、12 月）的派派提供进食技能指导。
（二）确定组内角色及分工： 组长：　　　　　　　　　　　　　任务： 组员 1：　　　　　　　　　　　　任务： 组员 2：　　　　　　　　　　　　任务： 组员 3：　　　　　　　　　　　　任务：
（三）实施目标：
（四）实施步骤： 1. 为 6 月龄的派派提供进食技能指导：   2. 为 8 月龄的派派提供进食技能指导：   3. 为 12 月龄的派派提供进食技能指导：

五、任务评价

分别从自我、组间、教师等角度对学生的任务实施过程进行点评（见表1-6）。

表1-6 任务实施评价

项目	评分标准	自我评价	组间评价	教师评价
任务完成过程（70分）	能够正确理解任务，并进行合理分工			
	能够根据任务资料，分析并制定任务目标			
	能为不同月龄婴幼儿提供正确的进食技能指导			
	能够通过自主学习，完成学习目标			
	积极参与小组合作与交流，配合默契，互帮互助			
	能够利用信息化教学资源等完成工作页			
	能很好地展示活动成果			
学习效果（30分）	实施目标设定合理			
	达成预期知识与技能目标			
	达成预期素养目标			
合计				
自我评价与总结				
教师评价				

六、课后习题

（一）选择题

1.新生儿的食管和胃的特点是（　　　）。

  A.食管是漏斗状　　　　　　　　　　B.胃容量小，容积为 30~60 mL

  C.贲门紧　　　　　　　　　　　　　D.胃是横着的

2.造成婴儿肠胀气的原因不可能是（　　　）。

  A.吃奶时吞入过多空气

  B.吃了较多容易产生气体的食物

  C.抚摸肚子产生

  D.便秘

3.婴儿的挺舌反应逐渐消失的时候是（　　　）。

  A.7 个月　　　　　　B.12 个月　　　　　　C.18 个月　　　　　　D.36 个月

（二）判断题

1.9~12 月龄的婴儿可以咀嚼各种煮软的蔬菜、切碎的肉类。（　　　）

2.用手抓食物，既可增加婴儿进食的兴趣，又有利于促进手眼协调和培养婴幼儿独立进食能力。（　　　）

（三）简答题

1.如何针对不同月龄婴幼儿进行进食技能指导？

2.婴儿添加辅食的信号有哪些？

（四）案例分析题

平平刚满 6 个月，为增加平平的营养，妈妈开始给平平添加辅食，可每次喂辅食，平平都有很强的抵触情绪。因为每天的进食量几乎可以忽略，所以严重打击了妈妈制作辅食的积极性，经常不按时提供辅食，也没有及时添加新食物，甚至中间有过中断辅食的情况，尝试的食物也非常有限。因为平平吃辅食时经常哭闹，完全不接受勺喂，抵触食物越来越严重，妈妈感到非常着急，担心现在的情况会愈演愈烈。

你是如何看待这个问题的？如何帮助平平顺利度过辅食初期阶段？

任务 1.3 婴幼儿配方奶粉喂养指导

一、任务情境

派派 3 个月，一直以来喝的都是婴幼儿配方奶粉。这天外婆去看望派派和妈妈，看到妈妈正在冲泡奶粉，就说："奶粉冲得浓一点好，宝宝能吸收更多的营养，好长肉。"

请问外婆的说法是否正确？奶粉是冲得越浓越好吗？

二、任务目标

知识目标：理解并掌握婴幼儿配方奶粉喂养知识。

技能目标：能正确冲泡奶粉、喂奶并拍嗝。

素养目标：（1）树立以幼儿为本的现代婴幼儿照护观。

（2）在操作中关心、爱护婴幼儿，具有同理心。

三、知识储备

（一）母乳喂养的优点

母乳是婴儿最理想的天然食物，母乳中含有丰富的营养素、免疫活性物质和水分，能够满足 0~6 个月婴儿生长发育所需全部营养，任何配方奶、牛羊奶等都无法替代。母乳喂养可以降低婴儿患感冒、腹泻、肺炎等疾病的风险，促进婴儿体格和大脑发育，减少母亲产后出血、乳腺癌、卵巢癌的发生风险。毋庸置疑，新生儿乃至婴儿期的肠内营养均应首选母乳，如果无法自身母乳喂养，次选捐赠母乳，因特殊情况不能母乳喂养时才选择替代喂养，以保证婴儿有足够的营养摄入。婴儿 6 月龄内应纯母乳喂养，无须给婴儿添加水、果汁等液体和固体食物，以免影响婴儿母乳量的摄入，进而导致母乳量分泌减少。从 6 月龄起，在合理添加其他食物的基础上，继续母乳喂养至 2 岁或 2 岁以上。

小专栏：价值渗透

《千金方》——喂奶是按时还是按需？

《千金方》又名《备急千金要方》，作者孙思邈（约 581~682），人称"药王"，京兆华原（今陕西耀州区）人。他自幼多病，立志于学习经史百家著作，尤立志于学习医学知识。青年时期即开始行医于乡里，并获得良好的声誉。他对待病人，不管贫富贵贱，都一视同仁，无论风雨寒暑，饥渴疲劳，都求之必应，一心赴救，深为群众崇敬。在《千金方》里就提到"视儿饥饱，节度，知一日中几乳而足，以为常""不欲极饥而食，食不可过饱"，支持按需哺乳。此外，哺乳的姿势也有讲究。《千金方》里提到："儿若卧，乳母当以臂枕之，令乳与儿头平乃乳之，令儿不噎。母欲寐则夺其乳，恐填口鼻，又不知饥饱也。"哺乳时妈妈要用手臂托着婴儿的头，让乳房与婴儿头部平行，这样就不会呛着婴儿。如果妈妈想睡觉的话，就要停止哺乳，不然容易塞住婴儿口鼻，产生窒息，而且此时婴儿的饥饱感觉并不灵敏，容易吃撑。可见，中华优秀传统文化博大精深，源远流长。

常用的婴幼儿配方奶粉都来自兽乳，主要以牛乳、羊乳等为基质，使宏量营养素成分尽量接近母乳，同时也加入母乳中含有或不足的微量营养素如 DHA 和 ARA、核苷酸、牛磺酸、叶黄素、胆碱、益生元、维生素 A、维生素 D、铁、锌等。近年来有些配方奶粉中加入了可以促进神经发育和免疫功能的物质如乳脂球膜、乳铁蛋白等。尽管近年来配方奶粉的成分有很多改良，但是仍然无法与母乳相比，因其无法模拟母乳中存在的多种免疫物质和各种生长因子、调节因子，并可能导致婴儿过快生长，故使用配方奶粉喂养是无法母乳喂养的被迫选择。

（二）婴幼儿配方奶粉喂养

1. 需要准备的物品

婴幼儿配方奶粉喂养，需要准备的物品有：

（1）奶瓶：准备 5~6 个不同容量（120~280 mL）的奶瓶，有标准口径和宽口径奶瓶，以 200 mL 的耐热玻璃奶瓶为宜。

（2）奶嘴：准备和奶瓶配套的奶嘴 3~4 个，根据选用的奶瓶挑选不同嘴型的奶嘴。

（3）清洁工具：配备专门的奶瓶刷和奶嘴刷。

（4）恒温水壶调奶器：具备煮沸、恒温、调温等功能。烧开水后，可降至设定温度并保持恒温；给婴儿冲奶粉，可直接设置为 40℃，方便冲奶。

（5）暖奶器：暖奶器指用于温暖各种奶制品的家电。对于小月龄段的婴儿来说，暖奶器可以用于对冲泡好的配方奶进行保温。有的暖奶器还兼具消毒功能，可以对奶瓶和奶嘴进行消毒。

（6）奶瓶消毒锅：专门用于奶瓶和婴儿用品消毒的器具。

2. 冲泡奶粉的操作流程

冲泡奶粉的步骤如下：

（1）清洁、消毒。

（2）取奶粉。一看是否符合月龄段。二看是否在保质期和开罐有效期内。三看浓度比。一般情况下，奶粉包装内都会附带一个专用量勺，包装上会写明不同月龄所对应的准确配比和每次大致的喂哺量。按照说明加入正确数量的奶粉即可。四看冲调温度。

（3）倒水。拧开奶瓶，奶盖倒放，手不能触碰瓶口，倒入温水。水温和水量都要按照奶粉罐上的说明，比如一款奶粉需要 50℃ 温水冲泡，一勺奶粉对应 30 mL 水，假如婴儿要喝 3 勺奶粉，就需要倒入 120 mL 的 50℃ 温水。

（4）舀奶粉。按照比例将奶粉舀入奶瓶内，注意奶勺不要触碰瓶口。冲奶粉的时候，水加得太少，奶粉就会冲得太浓，婴儿吃下去往往无法完全消化，甚至会腹泻；水加得太多，奶粉就冲得太淡了，婴儿吃同样多的奶，却无法获得足够的营养，容易导致营养不良，影响婴儿的健康成长发育。所以，千万不要随意改变水和奶粉的比例。

（5）摇匀。盖好奶瓶盖，将奶瓶沿顺时针或逆时针一个方向轻轻地摇动，使奶粉充分溶解，拧松奶瓶盖放气后，再拧紧至不漏奶即可。

（6）试温：滴数滴奶液于手腕内侧试温，温度合适后才能给婴儿喂奶。

（7）清洁、消毒。

3. 喂奶的要领

应在婴儿清醒状态下喂奶，将婴儿抱起，使婴儿身体和面孔朝上斜卧于喂食者的怀中，并注意母婴互动交流，要让婴儿偎依在胸前，胸贴胸，腹贴腹，这种亲密的身体接触可以给婴儿带来安全感和舒适感。喂奶时，始终保持奶瓶倾斜 45° 左右，保持奶嘴及瓶颈部充满奶液，以避免婴儿吸奶时吸入奶瓶中的空气，引起溢乳。喂毕，轻轻竖抱婴儿，拍其背部至嗝气。

拍嗝有直立式和端坐式。直立式是在肩膀上垫上口水巾防止婴儿吐奶，竖着抱起婴儿，拍嗝的手势用空心掌拍。"五指并、手心空、下至上、力适中"，轻扣婴儿的上背，促使婴儿打嗝。

端坐式是将婴儿放在膝盖上坐着，一只手支撑住婴儿的下巴和肩膀，固定婴儿的头部上身。让婴儿身体稍微往前倾，另一只手用空心掌轻轻拍打后背。

4. 配方喂养常见问题

配方喂养会出现很多问题，如喂养次数和奶量不好估计等。下面列举一些常见问题及解决方法，可供参考。

（1）喂养次数与奶量估计：因新生婴儿胃容量较小，生后 3 个月内可不定时喂养。3 个月后婴儿可建立自己的进食规律，此时应开始定时喂养，每 3~4 小时一次，约每日 6 次。允许每次奶量有波动，避免采取不当方法刻板要求婴儿摄入固定的奶量。

（2）婴儿拒绝奶瓶：对于拒绝奶瓶的婴儿，在没有母乳喂养的情况下，需要尝试各种方式让婴儿逐步接受。可以让婴儿稍微饿一下，然后在此期间陪婴儿玩耍一会，做些按摩或者体操，婴儿感觉饿了会容易接受奶瓶。

（3）上火或便秘：选用其他品牌的奶粉；两次喂奶间隔期间，给婴儿喂水，可以防止大便硬结。同时培养婴儿定时排便的习惯；按摩婴儿腹部，增加婴儿的胃肠运动，加快食物消化，从而缓解便秘。

（4）奶粉的储存：奶粉开封后，应避免暴露在空气中，但不建议长期存放于冰箱中；开封的奶粉在室温、避光、干燥、阴凉处储存即可；需要注意的是，每次取用后，罐装奶粉开罐后务必盖紧盖子，袋装奶粉每次使用后要扎紧袋口。为便于保存和拿取奶粉，袋装奶粉开封后，最好存放于洁净的奶粉罐内。

（5）更换奶粉：不建议经常给婴儿换奶粉品牌，1岁以内的婴儿，消化系统发育不成熟，如果频繁地适应不同品牌的奶粉可能会增加消化负担，甚至引发消化不良。对于1岁以上的幼儿，一日三餐逐渐成为主要营养，换不换奶粉对幼儿影响也不大，如果经常更换奶粉品牌，幼儿可能会因为口味不同而厌烦喝奶，所以不如让幼儿保持自己的口味和习惯。

四、任务实施

根据任务要求，完成任务实训活页（见表 1-7）。

表 1-7　任务实训活页

（一）实施任务： 根据所学知识，为派派冲泡奶粉、喂奶，并拍嗝。	
（二）确定组内角色及分工： 组长：　　　　　　　　　　　　任务： 组员 1：　　　　　　　　　　　任务： 组员 2：　　　　　　　　　　　任务： 组员 3：　　　　　　　　　　　任务：	
（三）实施目标：	
（四）实施步骤：	

五、任务评价

分别从自我、组间、教师等角度对学生的任务实施过程进行点评（见表 1-8）。

表 1-8　任务实施评价

项目	评分标准	自我评价	组间评价	教师评价
任务完成过程（70分）	能够正确理解任务，并进行合理分工			
	能够根据任务资料，分析并制定任务目标			
	能够正确冲泡奶粉、喂奶并拍嗝			
	能够通过自主学习，完成学习目标			
	积极参与小组合作与交流，配合默契，互帮互助			
	能够利用信息化教学资源等完成工作页			
	能很好地展示活动成果			
学习效果（30分）	实施目标设定合理			
	达成预期知识与技能目标			
	达成预期素养目标			
合计				

自我评价与总结

教师评价

六、课后习题

（一）选择题

1. 婴幼儿出生（　　　）后随着从母体获得的抗体逐渐减少，患感冒的机会开始增加。

   A. 4 个月　　　　　　B. 6 个月　　　　　　C. 8 个月　　　　　　D. 12 个月

2. 冲泡奶粉的顺序为（　　　）。

   A. 消毒→放奶粉→倒水→摇匀→试温

   B. 消毒→倒水→放奶粉→摇匀→试温

   C. 倒水→消毒→放奶粉→摇匀→试温

   D. 试温→消毒→放奶粉→摇匀→倒水

3. 冲泡奶粉需要做的准备有（　　　）。

   A. 物品准备：奶瓶、奶粉、清洁工具、恒温水壶调奶器、消毒锅

   B. 人员准备：剪指甲、去首饰、七步法洗手

   C. 婴儿准备：婴儿应是清醒状态

   D. 环境准备：室温在 26℃左右

（二）判断题

1. 母乳喂养应按时哺乳。（　　　）

2. 初乳中含有丰富的抗体，要让新生儿多吸吮。（　　　）

3. 冲泡奶粉时，勺子必须用奶粉罐配备的，不能混用。（　　　）

4. 不必严格按照包装上的说明冲调配方奶，奶越浓越好。（　　　）

5. 奶粉要现吃现冲调，不能提前准备，喝剩下的超过 1 个小时就不能再喂婴儿了。（　　　）

（三）简答题

1. 婴幼儿配方奶粉喂养需要注意什么？

2. 婴儿拒绝奶瓶怎么办？

任务 1.4 婴幼儿自主进食习惯培养

一、任务情境

派派 3 岁，每次在家吃饭，奶奶总是追着跑着喂派派，有时坐在宝宝椅上喂，有时在小床上喂，有时又坐在沙发上喂。爸爸、妈妈、爷爷见奶奶搞不定派派，轮换上阵。派派不爱吃蔬菜，每次都是妈妈哄着才能吃下去，每次吃饭都要持续 1 个多小时才结束。

说说事例中存在哪些喂养误区？

二、任务目标

知识目标：掌握自主进食习惯培养技巧。

技能目标：（1）能创设婴幼儿良好的就餐环境。

（2）能说出婴幼儿自主进食的信号。

素养目标：培养幼儿的自主动手能力。

三、知识储备

（一）生活中常见的喂养方式

生活中常见的喂养方式有照护者过度主导型、婴幼儿过度主导型、照护者忽视型及照护者和婴幼儿互动型 4 种模式。

照护者过度主导型主要有控制型、强迫型和限制型。控制型指照护者主观规定婴幼儿进食时间和量，不管其是否发出饥饿信号或饱足信号；强迫型指照护者强迫婴幼儿进食规定的食物和量，不管婴幼儿自身感受，造成进食对抗；限制型指照护者过度限制婴幼儿进食及进食技能的发展。

婴幼儿过度主导型，也就是放纵型，指照护者对婴幼儿的喂养比较纵容，婴幼儿在进食中主导过多，导致饮食比例不协调，不良进食行为增加。

照护者忽视型指照护者或者抚养者对婴幼儿的养育比较忽视，未能及时识别婴幼儿发出的饥饿信号，不能及时为婴幼儿提供所需的食物。

照护者和婴幼儿互动型指婴幼儿通过动作、面部表情和语言发出信号，照护者及时识别并回应。婴幼儿逐渐感受、学习、理解照护者的回应。这有助于照护者与婴幼儿之间情感联结和良好依恋关系的形成，能促进婴幼儿的认知能力和心理行为发育。良性互动的建立不仅可以让婴幼儿学习体会自身的需求，增进对自身内在感受的认识，感受到安全、被关爱、被接纳；还可以促进婴幼儿对喂养的关注和兴趣，关注自身饥饿和饱足的内在信号，促进婴幼儿用清晰而有意义的信号与照护者沟通需求，并成功地发展为独立喂养。

托育机构应根据不同年龄婴幼儿的营养需要、进食能力和行为发育需要，提倡顺应性喂养。喂养过程中，应及时感知婴幼儿发出的饥饿和饱足反应（动作、表情、声音等），及时做出恰当的回应，鼓励但不强迫进食。从开始添加辅食起，引导婴幼儿学习在嘴里移动、咀嚼和吞咽食物，逐步尝试自主进食。

（二）婴幼儿自主进食的信号

我们知道婴儿满 6 月龄时需要添加辅食。具体而言，对于人工喂养的宝宝，可以满4 个月添加辅食，对于母乳喂养的宝宝，可推迟到 6 个月开始添加辅食。具体什么时候添加辅食，需要根据婴儿具体情况判断：如是否可以独立坐稳、是否对成人食物有强烈的兴趣、是否具有一定的手眼嘴协调能力、挺舌反应是否消失等。

婴儿添加辅食后，照护者就需要根据婴幼儿进食技能发育规律逐步改变食物性状，并及时进行自主进食指导。6 月龄时添加泥糊状辅食，7~9 个月龄时可以逐渐添加碎颗粒状辅食，9~12 个月龄时可以添加碎块状或丁状辅食。与此同时，为锻炼婴儿手眼嘴协调能力，为自主进食做准备，7~9 个月龄时可以让婴儿抓握、玩弄小勺，9~12 个月龄时，照护者可以坐婴儿餐椅对面，同时为婴儿提供辅食勺，并在碗里放一点辅食，让婴儿尝试模仿使用餐具。刚开始的时候，不要对婴儿期望过高，很多食物会被弄到地上而不是婴儿的嘴里。照护者可在婴儿的餐椅下垫一块塑料布以便饭后收拾。这个时候照护者一定要有足够的耐心，不要把勺子从婴儿手中夺走。婴儿需要不断探索和训练，也需要信心和照护者对他的鼓励。

1 岁时，婴幼儿饮食结构接近成人，具有一定咀嚼能力和自主进食能力，开始进入自主进食关键期，具体表现有：

（1）看到照护者手上拿什么都想去抓一把。对照护者手上的东西特别好奇，总想伸手去抓。

（2）拒绝以前最爱吃的食物。吃辅食的时候，下意识地扭头拒绝或是毫不客气地拍掉你递过来的勺子。

（3）模仿大人吃饭。会夸张地咂吧咂吧嘴，试着用勺子去戳食物。

（三）婴幼儿自主进食习惯的养成

培养婴幼儿自主进食习惯可以从以下四个方面着手：

1. 餐前准备

进餐前照护者带着婴幼儿一起洗手、如厕，注重进餐卫生。

穿上吃饭专用的围兜。

准备安全餐椅，让婴幼儿坐在专用的座位上就餐。

2. 参与食物制作

在食物的准备与制作过程中，可以让婴幼儿在一旁观察。照护者可以一边洗菜，一边介绍菜的营养素。

参与烹饪过程，增强婴幼儿对食物的认知和喜爱。

适应婴幼儿进食心理，注意食物的色香味形，可以将婴幼儿平时不爱吃的蔬菜摆成婴幼儿喜爱的动物形象。

3. 自主进食

（1）培养婴幼儿吃饭的兴趣。当婴幼儿对吃饭有兴趣时，照护者要克制自己随时想要喂饭的手，能强忍脏乱，迎接自主进食。当婴幼儿对吃饭没有兴趣时，千万不要强迫婴幼儿进食，要"换位思考"，遵从婴幼儿意愿，不想吃就不吃，要立规矩，还给婴幼儿"饥饿"的本能，让婴幼儿感受到自己是被尊重、爱护、认可的。

（2）提供适宜的、安全的食物、水、餐具，方便婴幼儿自主取用。

（3）专注进餐。进餐时不打扰婴幼儿，对婴幼儿进餐不专心的现象，如洒饭粒、乱丢菜等，学会"视而不见"。慢慢让婴幼儿意识到吃饭是自己的事情，要靠自己解决，从而专注进餐。

（4）控制进食时间。婴幼儿进食时间一般控制在 20~25 分钟，可以根据婴幼儿个体差异适当调整用餐时间。

（5）控制进餐量。根据婴幼儿生长发育及日常进食情况确定婴幼儿的进餐量，避免出现进食过多或过少的现象。

（6）不随意评价婴幼儿。当婴幼儿出现挑食、偏食行为时不当面指责，以正确的方式引导婴幼儿改善不良饮食行为。

（7）注意教育的一致性。树立正确的饮食观，家庭成员在婴幼儿进餐指导上要统一意见。

4. 注重进食礼仪

固定进餐地点。让婴幼儿坐在餐椅上和照护者一起进餐，让婴幼儿感受家庭的饮食习惯，帮助婴幼儿养成健康的饮食习惯。吃饭只能在餐椅上吃；吃完了就是吃完了，下了餐椅就不能再吃饭了。吃饭时不要让婴幼儿玩玩具，看手机、电视。

四、任务实施

根据任务要求，完成任务实训活页（见表1-9）。

表1-9　任务实训活页

（一）实施任务：
角色扮演：一人扮演派派的妈妈，一人扮演家庭教养指导员，妈妈前往社区家庭教养指导站寻求帮助，如何才能更好地帮助派派养成自主进食的习惯，家庭教养指导员该如何指导，请写出具体的指导过程。
（二）确定组内角色及分工： 组长：　　　　　　　　　　　　　任务： 组员1：　　　　　　　　　　　　　任务：
（三）实施目标：
（四）实施步骤：

五、任务评价

分别从自我、组间、教师等角度对学生的任务实施过程进行点评（见表 1-10）。

表 1-10 任务实施评价

项目	评分标准	自我评价	组间评价	教师评价
任务完成过程（70分）	能够正确理解任务，并进行合理分工			
	能够根据任务资料，分析并制定任务目标			
	能够正确指导家长进行自主进食习惯培养			
	能够通过自主学习，完成学习目标			
	积极参与小组合作与交流，配合默契，互帮互助			
	能够利用信息化教学资源等完成工作页			
	能很好地展示活动成果			
学习效果（30分）	实施目标设定合理			
	达成预期知识与技能目标			
	达成预期素养目标			
合计				
自我评价与总结				
教师评价				

六、课后习题

（一）选择题

1. 生活中常见的喂养方式有（　　　）。

A. 照护者过度主导型

B. 婴幼儿过度主导型

C. 照护者忽视型

D. 照护者和婴幼儿互动型

2. 婴幼儿自主进食的信号有（　　　）。

A. 挺舌反应消失

B. 拒绝以前最爱吃的食物

C. 扔勺子

D. 模仿大人吃饭

（二）简答题

如何促进婴幼儿自主进食习惯的养成？

项目 2

婴幼儿饮水照护与回应

水是人类维持生命活动最基本的物质，也是构成人体组织和细胞的重要成分，所以我们常说"水是生命之源"。因年龄差异，人体内水的含量也有所不同，成年人体内水含量为60%~70%，婴幼儿体内水含量则为80%以上，再加上代谢较快，婴幼儿对水的需求量也相对多于成人。为了保证婴幼儿的需水量，维持正常的生理功能，饮水就显得尤为重要。那么，照护者应如何指导婴幼儿饮水，又如何帮助他们养成良好的饮水习惯呢？

任务 2.1 婴幼儿饮水指导

一、任务情境

派派是在母乳喂养，6个月时开始吃辅食，与此同时，每日需要补充一定量的水分。妈妈有很多困惑：宝宝要开始喝水了，可以用奶瓶吗？市场上水杯多样，鸭嘴杯、吸管杯、敞口杯……又该怎么选择呢？什么时候才能用水杯直接喝水呢？如果宝宝不接受奶瓶，可以用水杯代替吗？

请问该如何选择婴幼儿的水杯？如何指导不同月龄婴幼儿用水杯喝水？

二、任务目标

知识目标：（1）了解并掌握婴幼儿每天的需水量。

（2）掌握婴幼儿缺水的信号。

技能目标： 能正确指导不同月龄婴幼儿用水杯喝水。

素养目标：（1）在照护婴幼儿饮水过程中关心和保护好婴幼儿。

（2）具有培养婴幼儿良好饮水习惯的耐心和责任心。

三、知识储备

（一）婴幼儿需水量

婴幼儿的需水量主要取决于婴幼儿的活动量、外界的气温、食物的质与量等因素。通常情况下，气温越高，活动量越大，婴幼儿出汗越多，需水量也越多；进食量大、摄入蛋白质和矿物质多的婴幼儿，需水量也会相应变多。另外，在不同年龄段，需水量也是有差异的，年龄越小的婴幼儿需水量越大。如果不能满足婴幼儿身体的需水量，很容易导致缺水。

1. 0~6月龄婴儿

6个月以内的婴儿如果纯母乳喂养，除了生病、大量出汗等情况，一般不需要再额外喂水；用奶粉喂养的宝宝，如果严格按照配方设计的成分配比来冲调，也是可以不喝水的，因为配方奶粉是根据母乳成分配比的，但是餐后需要给宝宝喂 1~2 勺水清理口腔。

2. 6~12 月龄婴儿

6~12 个月的婴儿，每公斤体重需水量为 120~150 mL。只需要每天喝 600~800 mL 的奶，再吃一些含水量较高的辅食或水果即可满足婴儿身体的需水量。

3. 12~36 月龄婴幼儿

这个阶段的婴幼儿活动量增大，对需水量也会相应增加，因此除了日常饮食，每天还需要少量、多次饮水，建议上午、下午各 2~3 次，每次 50~100 mL。

（二）识别婴幼儿缺水的信号

婴幼儿缺水对身体的危害极大，在自然情况下发生脱水，婴幼儿可能会出现头晕、乏力以及口渴、皮肤干燥等症状，严重脱水会造成血容量的下降，进而发生休克，危及生命。因此，我们一定要学会识别婴幼儿缺水的信号，及时帮助婴幼儿补充水分，恢复人体机能。以下是婴幼儿缺水的四种表现：

（1）尿量减少。婴幼儿排尿次数明显比平时减少，尿液颜色偏黄。

（2）皮肤弹性改变。皮肤弹性变差，也是缺水的表现。家长可以尝试用拇指与食指捏起婴幼儿手背的皮肤，然后放开，观察皮肤皱褶恢复速度。

（3）口干。婴幼儿吃奶量有所下降，经常舔嘴唇。

（4）泪液减少。观察婴幼儿哭闹情况，如出现泪液减少或哭时无泪，说明体内缺水。

小专栏：呵护成长

积极回应婴幼儿发出的信号

因语言功能未发育成熟、不能用言语表达，当婴幼儿身体感到不适时，常常表现出一些异常的征兆或发出不适信号，有时甚至伴有不间断哭闹。这时一定要保持敏锐，时刻注意、观察婴幼儿的变化，识别、理解婴幼儿发出的信号，及时采取恰当的方式给予婴幼儿积极的回应，让婴幼儿感受到关爱和呵护。

（三）指导婴幼儿喝水

1. 水杯的选择

指导婴幼儿学用水杯喝水，首先要选择合适的水杯。一般来说，婴幼儿喝水用品的使用顺序是奶瓶→鸭嘴杯→吸管杯→敞口杯，随着年龄的增长逐渐更换水杯的过程就是逐渐帮助婴幼儿断掉奶瓶吸吮方式、训练自主喝水的过程。当然，不同的水杯有着不同的材质和不同的设计，是否需要使用、具体选择哪种，除了考虑婴幼儿年龄，还需要结合婴幼儿自身的特点来决定。建议 0~3 岁婴幼儿在不同年龄阶段可使用的水杯如表 2-1 所示。

知识链接
婴幼儿学
饮杯的选择

表 2-1 0~3 岁婴幼儿喝水容器的选择

年龄	奶瓶 / 水杯		特点及效果
0~3 月龄	无手柄奶瓶		
3~6 月龄	有手柄奶瓶		6 个月以前的婴儿使用奶瓶。0~3 个月使用无手柄的奶瓶，3~6 个月使用带手柄的奶瓶，有助于训练婴儿的抓握能力
6~9 月龄	鸭嘴杯		鸭嘴杯与奶瓶类似，主要区别在杯嘴。鸭嘴杯的吸水感受介于奶嘴与吸管之间，可以让婴儿戒掉奶瓶、过渡学饮。鸭嘴杯吸嘴的出水口是一字型，比较细，出水量少，上端还有 2 个排气孔，双重保障，可防呛水和胀气
9~12 月龄	软吸管杯		这时候的婴儿已经长出牙齿，软吸管杯可以有效锻炼婴幼儿的牙齿咬合力
12 月龄以上	敞口杯		通过前几个阶段的训练婴幼儿已经可以基本掌握喝水的方法，这时候我们可以使用普通杯子给孩子喝水，有助于促进孩子的身心健康

2. 指导方法

婴幼儿添加辅食后就要开始训练用水杯喝水，喝水时可以采用半卧位或坐位。以下几种方法可以有效训练婴幼儿用杯子喝水。

1）吸引法

在购买水杯时，可以选择婴幼儿喜欢的卡通图案，用水杯吸引婴幼儿的注意力。

2）榜样法

可以告诉婴幼儿自己喜欢的小动物或平日里一起玩耍的小伙伴很喜欢喝水，鼓励婴幼儿也像他们一样爱上喝水；家长也可以以身作则，让婴幼儿以自己为榜样，鼓励婴幼儿和自己一起喝水。

3）游戏法

通过游戏的方式，激发婴幼儿的喝水兴趣，缓解婴幼儿对喝水的抵触情绪。

4）强化法

当婴幼儿正确饮水后，给予及时强化，以增加饮水行为发生的概率。

小专栏：呵护成长

做好每一件呵护婴幼儿成长的小事

饮水是婴幼儿健康和谐全面发展的基础保障，也是一日常规活动中的重要环节。对于托育服务工作者来说，指导婴幼儿用水杯喝水虽看似是一件很简单的小事，却是需要有持之以恒的爱心、细心以及足够的耐心才能做好的工作。因此，我们要从一点一滴做起，做好每一件呵护婴幼儿成长的小事。

四、任务实施

根据任务要求，完成任务实训活页（见表 2-2）。

表 2-2　任务实训活页

（一）实施任务： 根据 1~2 岁婴幼儿每天的需水量，运用恰当的训练方法，为 2 岁的派派制订用水杯喝水的指导计划。
（二）确定组内角色及分工： 组长：　　　　　　　　　　　　　　　任务： 组员 1：　　　　　　　　　　　　　　任务： 组员 2：　　　　　　　　　　　　　　任务： 组员 3：　　　　　　　　　　　　　　任务：
（三）实施目标：
（四）实施步骤：

五、任务评价

分别从自我、组间、教师等角度对学生的任务实施过程进行点评（见表 2-3）。

表 2-3 任务实施评价

项目	评分标准	自我评价	组间评价	教师评价
任务完成过程（70分）	能够正确理解任务，并进行合理分工			
	能够根据任务资料，分析并制定任务目标			
	能够运用恰当的训练方法制订符合婴幼儿年龄特点的指导计划			
	能够通过自主学习，完成学习目标			
	积极参与小组合作与交流，配合默契，互帮互助			
	能够利用信息化教学资源等完成工作页			
	能很好地展示活动成果			
学习效果（30分）	实施目标设定合理			
	达成预期知识与技能目标			
	达成预期素养目标			
合计				

自我评价与总结

教师评价

六、课后习题

（一）选择题

1.（　　）是人类维持生命活动最基本的物质。

　　A. 蛋白质　　　　　B. 脂肪　　　　　C. 碳水化合物　　　D. 水

2. 0~6 个月婴儿需要的水分不能从（　　）中获得。

　　A. 母乳　　　　　　B. 配方奶　　　　C. 碳酸饮料　　　　D. 水

3. 以下哪种方法不适合训练 1.5 岁的婴幼儿用杯子喝水？（　　）

　　A. 惩罚法　　　　　B. 榜样法　　　　C. 吸引法　　　　　D. 游戏法

4. 2~3 岁幼儿每千克体重的需水量为（　　）。

　　A. 60~100 mL　　　B. 100~140 mL　　C. 140~180 mL　　　D. 180~220 mL

5. 6~12 个月的婴幼儿喝水一般使用（　　）。

　　A. 无手柄奶瓶　　　B. 有手柄奶瓶　　C. 鸭嘴杯　　　　　D. 软吸管杯

（二）判断题

1. 年龄越小的婴幼儿需水量也越小。（　　）

2. 1 周岁的婴幼儿每天喝 600~800 mL 的奶，再吃一些含水量较高的辅食或水果即可满足每日身体的需水量。（　　）

3. 婴幼儿添加辅食后就要开始训练用水杯喝水，喝水时可以采用半卧位或坐位。（　　）

4. 所有的学饮杯都是可以微波加热的。（　　）

5. 家长要时刻注意、观察婴幼儿的变化，理解、识别婴幼儿发出的信号，并及时用恰当的方式给予婴幼儿积极的回应，让婴幼儿感受到关爱和呵护。（　　）

（三）简答题

1. 水的生理功能主要有哪些？

2. 如何识别婴幼儿缺水的信号？

任务2.2 婴幼儿饮水习惯培养

一、任务情境

派派活泼好动，一旦玩耍起来，连吃饭、喝水、大小便都不顾了，可又不爱喝水。当玩累了很渴的时候，派派又吵着要喝饮料。派派妈妈为此感到十分苦恼。

请问派派可能有什么不良习惯？应如何培养派派的饮水习惯？

二、任务目标

知识目标：了解培养婴幼儿良好生活常规的重要性。

技能目标：能指导婴幼儿养成良好的饮水习惯。

素养目标：具有培养婴幼儿良好饮水习惯的耐心和责任心。

三、知识储备

（一）培养好一日生活常规

"规则意识"是在有条不紊的每日生活中自然而然形成的，培养婴幼儿的规则意识不是要限制孩子的行为，而是帮助他们建立起良好的生活常规，即把一日生活中的主要环节，在时间和程序上固定下来，以形成常规，这样不仅有利于婴幼儿的生长发育和健康成长，还可以让他们从小养成良好的生活习惯。以 10~18 月龄婴幼儿为例，表 2-4 为某托育机构的一日生活安排。

表2-4 某托育机构一日生活安排（10~18月龄婴幼儿）

时间	生活安排
6:00~7:00	起床、大小便、盥洗、早饭
7:00~9:00	活动（试听训练；游戏；户外活动等）
9:00~11:00	喝水、第一次睡眠
11:00~11:30	起床、大小便、洗手、午饭
11:30~13:00	室内室外活动、喝水
13:00~15:30	第二次睡眠
15:30~16:00	起床、小便、吃加餐
16:00~18:30	室内外活动、喝水
18:30~19:00	洗手、晚饭
19:00~20:30	室内外活动、盥洗、大小便、准备入睡
20:30~ 次日 6:00	夜间睡眠

（二）合理安排婴幼儿喝水时间

饮水是婴幼儿生活常规中的重要环节，为了维持水平衡，机体每日必须摄入相应的水分。对于1~3岁的婴幼儿来说，除了随奶类、水果和辅食等一起摄入的水分之外，还需要额外饮水，才能满足身体的需水量。所以，作为照护者，除了日常饮食，还应合理安排婴幼儿喝水的时间。

1. 定时喝水

（1）起床后。婴幼儿在睡眠状态，身体仍会通过呼吸作用消耗大量水分。早晨或午睡后需要补充适量水分。

（2）两餐之间。两餐之间应多喝水。这两个时间段是婴幼儿活动量较大、消耗体能较多的时间，因此这两个时间段应该注意提醒喝水。

（3）餐前。餐前半小时至1小时应适量饮水，能够促进婴幼儿消化液分泌，增进婴幼儿食欲，提高婴幼儿消化吸收能力。

2. 按需喝水

在安排婴幼儿定时喝水的同时，不能忽视培养他们按需喝水的习惯。婴幼儿的需水量不仅与季节、天气有关，还与其活动量、饮食结构、身体状况有关，定时喝水未必能满足所有婴幼儿的需水量。所以，作为照护者，在婴幼儿活动、游戏中特别是消耗体能较多的时候，要根据需要有针对性地提醒他们随渴随喝。

（三）培养婴幼儿良好的饮水习惯

1. 婴幼儿良好饮水习惯的培养

中国自古就有"药补不如食补，食补不如水补"的说法，因此，科学饮水、养成良好的饮水习惯对于婴幼儿来说尤为重要。作为照护者，我们应该从以下几个方面着手培养婴幼儿的饮水习惯。

（1）定时饮水。合理安排饮水时间并形成每日常规，满足机体所需。

（2）主动饮水。由于外界气温、婴幼儿活动量大小及饮食结构等差异存在，当定时饮水不能满足婴幼儿需求时，要提醒婴幼儿随渴随喝，培养婴幼儿主动饮水的习惯。

（3）拒绝含糖饮料。白开水是最好的饮料，不仅最容易解渴，还能迅速进行新陈代谢，提高机体抵抗疾病的能力。

（4）进餐时不饮水。在进餐时喝水，水会把食物很快带走，不但不利于食物的消化吸收，还会影响婴幼儿咀嚼能力的锻炼。

2. 需要注意的问题

（1）选择适合婴幼儿的水杯。尊重婴幼儿心理发展特点，让婴幼儿选择自己喜爱的水杯，这样会大大激发婴幼儿喝水的兴趣，有助于培养婴幼儿主动饮水的习惯。

知识链接
婴幼儿喝
饮料的危害

（2）最好喝温开水，不喝冰水或饮料。冰水容易引起婴幼儿胃黏膜收缩，刺激肠胃，甚至引发痉挛；而饮料大多含糖量高，特别是碳酸饮料，不仅影响婴幼儿对钙的吸收，还会导致婴幼儿龋齿。另外，长期饮用含糖饮料与婴幼儿肥胖及成年后糖尿病等慢性代谢性疾病的发病风险呈正相关。

（3）剧烈运动后不要立即大量喝水。当剧烈运动后，婴幼儿心跳加快，立即大量喝水会给心脏造成压力，易导致供血不足。所以婴幼儿运动后要先稍做休息，缓和片刻再饮水。

（4）在喝水过程中要专注。不要一边玩一边喝，不宜边说话边喝水，也不宜喝太急以免呛水。

小专栏：价值渗透

饮必小咽，端直无戾

《吕氏春秋》是战国末年秦国丞相吕不韦组织属下门客们集体编撰的杂家（儒、法、道等）著作，又名《吕览》，是我国古代珍贵的文化遗产之一，也是一部古代百科全书似的传世巨著。早在《吕氏春秋·尽数》中指出："饮必小咽，端直无戾。"认为喝汤水的时候，应当小口下咽，不要暴饮，如此才能使五脏六腑功能不致受到伤害。中医主张"饮必细呷"，因为"大饮则气逆"会造成呛咳或气喘，甚至造成痰饮病。现如今看来，这些都是至理名言，完全符合现代科学的道理。中华文化博大精深，源远流长，其中蕴涵着很多养生之道，具有积极意义，值得我们研究和借鉴。

四、任务实施

根据任务要求，完成任务实训活页（见表2-5）。

表 2-5　任务实训活页

（一）实施任务：
某早教中心，孩子们正散落在各个区角自由玩耍。这时，喝水的时间到了，李老师便叫孩子们排队去喝水，有的孩子见李老师没注意喝了一小口就跑了；有的拿着水杯走来走去也不喝，结果还洒了一身；有的因为排队发生推搡，被推倒在地哭了起来；还有的直接装作没听到李老师的话，还留在原地玩耍，没有来喝水……李老师没办法，只能一个一个去喂水。像这样的情况几乎每天都会发生，不仅导致老师每天在喝水的环节上浪费大量的时间和精力，而且孩子的喝水量也没有得到很好的保证。 　　任务：分析并尝试解决该案例反映的问题，并就"喝水问题"为该早教中心提供可行性建议。
（二）确定组内角色及分工： 组长：　　　　　　　　　　　　　　任务： 组员 1：　　　　　　　　　　　　　任务： 组员 2：　　　　　　　　　　　　　任务： 组员 3：　　　　　　　　　　　　　任务：
（三）实施目标：
（四）实施步骤：

五、任务评价

分别从自我、组间、教师等角度对学生的任务实施过程进行点评（见表 2-6）。

表 2-6　任务实施评价

项目	评分标准	自我评价	组间评价	教师评价
任务完成过程（70 分）	能够正确理解任务，并进行合理分工			
	能够根据任务资料，分析并制定任务目标			
	能够分析并尝试解决该案例反映的问题，并提供有效的可行性建议			
	能够通过自主学习，完成学习目标			
	积极参与小组合作与交流，配合默契，互帮互助			
	能够利用信息化教学资源等完成工作页			
	能很好地展示活动成果			
学习效果（30 分）	实施目标设定合理			
	达成预期知识与技能目标			
	达成预期素养目标			
合计				
自我评价与总结				
教师评价				

六、课后习题

（一）判断题

1. 饮料口味丰富，还可以补充维生素，对于婴幼儿来说是不错的选择。（　　）

2. 1~3 岁的婴幼儿只需要定时定量喂水即可，其他时间不必饮水。（　　）

3. 照护者应合理安排婴幼儿喝水的时间，并培养婴幼儿良好的饮水习惯。（　　）

4. 婴幼儿喝饮料可能会影响钙质的吸收和利用。（　　）

5. 剧烈运动后一定要及时补充大量水分。（　　）

（二）简答题

1. 如何合理安排婴幼儿的喝水时间？

2. 培养婴幼儿良好的饮水习惯应注意哪些问题？

（三）思考题

宁宁 14 个月了，每天的饮食中除了配方奶以外已经逐渐增添了辅食和水果。可最近妈妈发现宁宁经常舔嘴唇，胃口不太好，排尿次数也明显比平时少，就去咨询医生。医生说宁宁这是缺水的表现，除了日常饮食，还需要少量、多次饮水。于是，妈妈开始时不时给宁宁喂水，有的时候宁宁不愿喝，妈妈也会强行让他喝，这让宁宁对喝水有了很强的抵触情绪，有时甚至边哭边呛水。妈妈看着又心疼又着急，陷入了深深的焦虑与自责中。

请问你是如何看待这个问题的？有什么方法可以帮助宁宁的妈妈解决困难？

项目 3

婴幼儿清洁照护与回应

    婴幼儿的清洁照护是保障婴幼儿健康的一项重要措施，不仅能起到预防疾病、促进健康的目的，还能提高婴幼儿的舒适度，有利于婴幼儿的身心发展。本项目的婴幼儿清洁照护主要包括婴幼儿口腔护理、婴幼儿大小便照护、婴幼儿自主如厕习惯培养和婴幼儿"三浴"与抚触四个任务。实施每个任务时，照护者应在充分了解婴幼儿身体结构及心理需求的基础上，及时关注到婴幼儿的表情、声音、动作和情绪等表现，理解其所发出的信号和表达的需求，给予恰当的、积极的回应。

任务 3.1 婴幼儿口腔护理

一、任务情境

丁丁，男，4月龄，早产儿，奶粉喂养，近些天不爱喝奶，每次喂奶都哭闹得厉害。妈妈一检查，发现丁丁的嘴巴里有很多像奶渍一样的"白斑"，妈妈很焦虑，不知如何是好。

请问丁丁可能出现了什么问题？照护者应给予什么样的指导？

二、任务目标

知识目标：（1）熟悉婴幼儿口腔生理特点。
（2）掌握婴幼儿常见口腔问题。
（3）掌握婴幼儿口腔卫生的影响因素。
技能目标： 能指导不同月龄婴幼儿进行口腔护理。
素养目标： 具有冷静、果断地发现问题和解决问题的能力，能在操作中关心和爱护婴幼儿。

三、知识储备

（一）婴幼儿口腔生理特点

婴幼儿的唾液腺发育还不完善，唾液分泌量较少，所以口腔黏膜容易干燥。同时，婴幼儿口腔黏膜柔嫩，血管组织丰富，而他们还完全不懂得保护口腔，常把手指或其他物品放进口中，很容易损伤口腔黏膜，导致细菌入侵。

婴儿的乳牙共20个，从第4~6个月开始萌出，到2岁半左右时出齐。乳牙萌出顺序一般为下颌先于上颌、自前向后。6岁开始，乳牙逐渐脱落，恒牙开始萌出，并逐渐替代乳牙。婴儿长牙的时间和模式因人而异。长牙较晚并不意味着婴儿发育出了问题，只要婴儿生长指标是正常的就无须在意。

乳牙与恒牙存在不同之处，乳牙呈白色，恒牙呈微黄色。恒牙釉质比乳牙釉质的钙化度高，透明度大，婴幼儿的乳牙更需要特别的呵护。

（二）婴幼儿常见口腔问题

1. 鹅口疮

鹅口疮是新生儿常见病，由白色念珠菌感染引起，具体表现为唇内、上颚、舌头上出现乳白色斑膜，形似奶块。随着病情加重，白斑会连成片，导致婴儿出现口干、烧灼感和疼痛感，因此烦躁拒食。如治疗不及时，病变可由口腔后部蔓延至咽喉、气管、食道，引起食道念珠菌病和肺部念珠菌感染，出现吞咽困难。这种口腔疾病多见于免疫机能低下的早产婴儿，像丁丁那样曾使用抗生素或激素的婴儿，也极易被感染。

鹅口疮的护理要点在于做好清洁工作，确保婴儿口腔卫生。用母乳喂养的婴儿，妈妈要保持乳头清洁；用人工配方奶粉喂养的婴儿，奶瓶及奶嘴要做好消毒处理；添加辅食的婴儿，需单独使用一套餐具，避免餐具混用造成病菌感染等，这些做法都可以"赶走"白色念珠菌。

2. "马牙"

"马牙"的学名叫上皮珠，是新生儿期特殊的生理现象，具体症状为口腔上颚和牙齿边缘出现黄白色小点。早在胎儿时期，牙的原始组织——牙板就已经形成，牙胚是在牙板上形成的，当牙胚脱离牙板生长为牙齿，断离的牙板渐渐被吸收，就此消失。偶然情况下，部分断离的牙板形成一些上皮细胞团，角化为上皮珠，长期留在颌骨内，其中一部分有可能被排出，于是就出现在牙床黏膜上，成为"马牙"。出"马牙"的婴儿会像出牙期的婴儿一样，有烦躁、爱摇头、咬奶嘴甚至拒食等表现，这是因为出"马牙"的位置有发痒、发胀等不适感。一般来说，"马牙"不需要做处理，随着婴儿牙齿的生长发育，"马牙"会被吸收或自动脱落。

有些心急的照护者会用布去擦或拿针去挑"马牙"，直接造成婴儿口腔黏膜损伤，很容易引起细菌感染。如果"马牙"过大，影响婴儿吸奶，可以在医生指导下用消毒针来进行处理，把"马牙"的内容物清理干净，即可愈合。

3. 口腔溃疡

口腔溃疡属于口腔黏膜病毒感染性疾病，致病病毒是单纯疱疹病毒（HSV）。还不会吃手的婴儿发生口腔溃疡，多是由于心脾积热，通俗点说就是吃得多，穿得厚，太受"优待"，以至于干扰到自身免疫系统，使病毒乘虚而入。大一些的婴儿进入口欲敏感期，开始把各种物品放进口中探索，一些硬物也容易造成口腔黏膜破损，形成溃疡。还有的婴儿有咬舌、咬唇等习惯，黏膜反复受到刺激，也会形成溃疡。如果再加上挑食导致营养不均衡，就容易形成反复性口腔溃疡，经久不愈。

口腔溃疡的护理要点在于良好生活习惯的养成。如少让婴儿吃那些会给口腔黏膜造成刺激的食物，比如过硬的糖、坚果，提醒婴儿改正咬舌、咬唇等习惯，保护口腔黏膜。

4. 疱疹性口腔炎

疱疹性口腔炎属于一种急性病毒感染，常见于 6 月龄~6 岁婴幼儿。季节交替时节，昼夜温差较大，是口腔疱疹的高发期。这种病很少产生抗体，容易再次患病，提高机体抵抗力是唯一的预防办法。

婴幼儿嘴里出疱疹后，因为疼痛而不肯吃东西，照护者可以准备些易消化的高营养流食，如莲子羹、水炖蛋、肉沫菜粥等。一边注意给发烧的婴幼儿控制体温，一边保证营养与休息，不要乱用药。在疱疹高发季节少带婴幼儿去人员密集场所，防止传染。平时注意勤消毒，保持口腔和皮肤清洁。如果反复发病，建议平时多给婴幼儿吃富含锌的食物，如牡蛎、果仁等，也可在医生指导下补锌。

5. 龋齿

龋齿俗称虫牙、蛀牙，是细菌性疾病，可以继发牙髓炎和根尖周炎，甚至能引起牙槽骨和颌骨炎症。如不及时治疗，病变继续发展，会形成龋洞，终至牙冠完全破坏消失，其发展的最终结果是牙齿丧失。

对于患有龋病的婴幼儿，照护者应从小帮助婴幼儿养成清洁口腔的习惯，掌握正确的刷牙方法，控制婴幼儿甜食的摄入，并做好定期口腔检查。

（三）婴幼儿口腔卫生的影响因素

影响婴幼儿口腔卫生的原因主要有以下几点：

（1）婴幼儿饮食习惯。良好的饮食习惯在婴幼儿口腔保健中起到重要的作用，如平衡膳食、限制含糖饮料和食物的摄入等。

（2）婴幼儿口腔卫生习惯。刷牙、漱口等良好的口腔卫生习惯能有效地清除菌斑，保护牙齿。

（3）照护人的口腔卫生。照护人保持良好的口腔卫生，避免其口腔致龋菌传播给婴幼儿。

（4）婴幼儿口腔检查。婴幼儿期应每3~6个月检查一次，发现问题，及时预防和治疗。

（四）不同月龄婴幼儿口腔护理要点

1. 0~6月龄婴儿口腔护理要点

婴幼儿出生后就应该进行口腔护理。尤其是4个月以内的婴儿水分摄取的主要来源为乳汁，残留在口腔中的奶垢及舌苔容易滋生细菌并产生异味，容易造成口腔黏膜的感染，严重将变成鹅口疮，因此从新生儿阶段就可以开始为婴幼儿清洁口腔。每日哺乳后，可以用干净的纱布或棉球蘸水擦拭婴幼儿的牙床和口腔黏膜，主要目的不仅在于保持口腔清洁，更是让新生儿从小习惯清洁口腔的感觉。

2. 6~12月龄婴儿口腔护理要点

在婴儿6~8个月时会萌出第一颗乳牙，往往是下排的门牙，长牙后，可以选在饭后1~2小时进行清洁，以避免吐奶、溢奶的情形发生。除了进食后可以喝点清水，早晚还可以用干净的纱布或者硅胶指套牙刷来帮助婴儿清洁小乳牙、按摩牙龈和舌苔。

进入长牙阶段时，伴随牙龈痒或牙龈肿胀带来的不适感，婴幼儿的情绪会变得烦躁、难安抚，也容易因为常流口水，导致下巴或嘴角产生红疹，照护者需要多一些耐心与坚持，陪伴婴幼儿度过这个必经的成长期。

3. 12~24月龄婴幼儿口腔护理要点

在这一阶段，婴幼儿乳牙陆续萌出，由于婴幼儿手眼协调能力发展不成熟，还需要照护者帮助婴幼儿刷牙。此时，可以使用软毛牙刷或少许含氟牙膏轻轻地帮助婴幼儿清洁牙面和牙龈，每个牙面以涂圈的方法刷 5 到 10 圈。从萌牙后，就可以开始使用含氟牙膏来刷牙，但是量一定要特别的少，0~3 岁婴幼儿的牙膏量控制在米粒大小就可以。如果掌握不好用量，在婴幼儿没有掌握正确吞咽的方法前，也可以选择可吞咽不含氟的儿童牙膏。

如果婴幼儿拒绝刷牙，照护者可以让他仰面躺在一个人的大腿上，用做游戏的形式，轻轻地刷婴儿的每一颗牙齿。一旦夜间刷了牙，除了水，尽量不吃其他食物。

4. 24~36 月龄婴幼儿口腔护理要点

乳牙一般在 2 岁至 2 岁半之间全部长齐，乳牙排列较稀疏，牙冠较短，容易造成食物嵌塞。2 岁开始可以教婴幼儿使用牙刷刷牙，具体步骤如下。

（1）选择适合婴幼儿年龄段的牙刷和牙膏。尽量选择适合婴幼儿口腔大小，梳毛柔软的牙刷，有助于更好地清洁；牙膏尽量选择含氟牙膏。

（2）教会婴幼儿鼓腮漱口的方法。需要反复示范给婴幼儿看，先含一口水，低下头使腮帮子一鼓一缩，发出"咕噜咕噜"的声音，让水按照右脸颊、左脸颊、鼻子下方和下巴上方的顺序流动。然后让婴幼儿跟着做一遍。

（3）教婴幼儿正确的刷牙方法。如图 3-1 所示，先将牙刷用温水浸泡 1 分钟，挤米粒大小牙膏置于牙刷上，手握牙刷柄后 1/3，按照先刷前牙唇侧，再刷后牙颊面，再刷后牙舌面的顺序刷牙，整个刷牙过程至少持续 3 分钟。最后用温水含漱数次，直至牙膏泡沫完全清洗干净，擦洗嘴角及面部，洗净牙刷、漱口杯。

婴幼儿暂时学不会不要紧，让其多观察，多模仿。

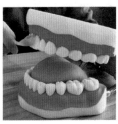
沿着牙龈以 45° 角放置刷毛，刷毛应该接触牙齿表面和牙龈。

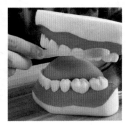
以 2~3 颗牙为一组水平颤动牙刷刷净牙齿，再将牙刷移动到下一组。

下内侧牙请重复上侧牙动作。

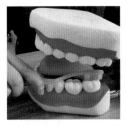
将牙刷靠在后牙智齿区的咬合表面上，进行温和的前后刷动。

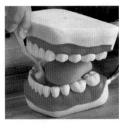
在下前牙的后面，垂直倾斜牙刷，使用刷头的前半部分进行上下刷动。

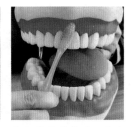
在上前牙的表面，垂直倾斜牙刷，使用刷头的前半部分进行上下刷动。

图 3-1　正确的刷牙方法

四、任务实施

根据任务要求，完成实训活页（见表 3-1）。

表 3-1　任务实训活页

（一）实施任务： 分别为不同月龄（3 月龄、6 月龄、12 月龄、24 月龄）婴幼儿进行口腔护理。
（二）确定组内角色及分工： 组长：　　　　　　　　　　　　　　任务： 组员 1：　　　　　　　　　　　　　任务： 组员 2：　　　　　　　　　　　　　任务： 组员 3：　　　　　　　　　　　　　任务：
（三）实施目标：
（四）实施步骤：

五、任务评价

分别从自我、组间、教师等角度对学生的任务实施过程进行点评（见表 3-2）。

表 3-2　任务实施评价

项目	评分标准	自我评价	组间评价	教师评价
任务完成过程（70分）	能够正确理解任务，并进行合理分工			
	能够根据任务资料，分析并制定任务目标			
	能够根据不同月龄婴幼儿口腔特点进行口腔护理			
	能够通过自主学习，完成学习目标			
	积极参与小组合作与交流，配合默契，互帮互助			
	能够利用信息化教学资源等完成工作页			
	能很好地展示活动成果			
学习效果（30分）	实施目标设定合理			
	达成预期知识与技能目标			
	达成预期素养目标			
合计				

自我评价与总结

教师评价

六、课后习题

（一）选择题

1. 婴幼儿口腔中的乳牙一般在（　　　）时萌出完毕。

A. 1 岁　　　　　　　　B. 1 岁半　　　　　　　　C. 2 岁　　　　　　　　D. 2 岁半

2. 乳牙龋的不良影响包括（　　　）。

A. 使恒牙萌出位置异常

B. 引起恒牙畸形

C. 影响婴幼儿正确发音

D. 影响婴幼儿牙齿美观程度

（二）判断题

1. 刷牙是维护口腔健康最简单最实用的方法。（　　　）

2. 婴幼儿刷牙时，家长应监督其使用含氟牙膏。（　　　）

（三）案例分析题

有人说："我们小朋友长的牙齿是乳牙，等长大了会有新的恒牙长出来，所以乳牙好不好都无所谓！"

请问你是如何看待这个问题的？婴幼儿应该如何保护口腔健康？

任务 3.2　婴幼儿大小便照护

一、任务情境

冬冬刚出生就跟妈妈一起住在月子中心，出了月子回到家，爸爸妈妈都有点焦虑，每次更换纸尿裤，冬冬就哭得惊天动地，小屁屁还时不时泛红，出现红疹。爸爸妈妈就很疑惑，该怎么更换纸尿裤，冬冬才不会哭闹呢，多久更换一次纸尿裤才合理？

如何正确选择纸尿裤？照护者应该怎样给婴幼儿更换纸尿裤？

二、任务目标

知识目标：（1）了解婴幼儿大小便规律。
　　　　　　（2）掌握更换纸尿裤的方法。

技能目标：（1）能正确识别婴幼儿异常大小便。
　　　　　　（2）能正确选择适宜的纸尿裤或拉拉裤。
　　　　　　（3）能正确处理婴幼儿尿布疹。

素养目标：（1）能在操作中关心和爱护婴幼儿，对待婴幼儿要有耐心和责任心。
　　　　　　（2）尊重与接纳婴幼儿。

三、知识储备

（一）婴幼儿大小便规律

1. 婴幼儿小便规律

婴儿自主排尿功能是随着神经系统的发育才逐步完善起来的。出生后的前几个月内，照护者会发现每次抱着婴儿玩或任何不经意的时候，婴儿忽然就排尿了，这是因为婴儿的排尿大脑皮质功能发育不完善，对排尿反射的控制能力较弱。大约要到 2 周岁后，婴儿才能真正控制尿意并进行自主排尿。

小便的次数、颜色与气味是衡量婴幼儿健康状况的重要指标之一。

如表 3-3 所示，婴幼儿各个时期的排尿量与次数都有所不同。因年龄、液体摄入等因素影响，每个婴幼儿排尿次数差异较大。

表 3-3　婴幼儿各个时期的每日排尿量与次数

时期	每日排尿次数	每日排尿量
出生 ~ 第 3 天	4~5 次	0~80 mL
第 4~10 天	20~30 次	30~300 mL
第 11 天 ~2 月龄	25 次左右	120~45 mL
2~6 月龄	15~20 次	200~450 mL
6~12 月龄	15~16 次	400~500 mL
12~36 月龄	10 次左右	500~600 mL

婴儿刚排出的小便是没有特殊气味的，但在空气中暴露一会儿后，尿素分解就会释放出氨气，此时就会产生轻微臭味了。

对于小便的颜色，正常情况下，婴儿的尿液是无色透明或呈浅黄色，不过如果婴儿饮奶（水）量较多、排汗较少，尿液的颜色会相对较浅，反之则颜色较深。

2. 婴幼儿大便规律

婴幼儿的排便次数是不规律的，因人而异，甚至因时而异。

一般来说，婴儿出生后的 24 小时内就会排出黏稠的、墨绿色的胎便，一般无臭味，3 天左右可排完，一周后逐渐变为普通的婴儿大便，每天排便 2~8 次。

母乳喂养的婴儿，大便多为金黄色或黄色，软糊样，偶有细小乳凝块，没有明显的臭味，略带酸味。一天排便 2~5 次，有时候一天可达 7~8 次。只要婴儿精神状态良好，体重增长正常，则属于生理性腹泻。

奶粉喂养的婴儿，大便通常会更成形一些，且含乳凝块较多。大便呈土黄色，有时会黄中带绿，多是因为配方奶中的铁含量较高，婴儿对铁吸收不完全，大便就会带绿色。略带酸臭味，但没有明显的臭味。每天排便 1~3 次，但具体次数没有要求。

混合喂养的婴儿，大便性状与奶粉喂养的婴儿相差无几，呈浅黄色或者略微深一些都是正常的，但大便可能没有纯奶粉喂养的婴儿成形，排便次数会因为添加奶粉和母乳的比例而略有变化，但至少每天要排便 1~3 次。

添加辅食后，随着辅食数量和种类的增多，大便性状开始慢慢接近成人，颜色开始变暗，呈棕色或深棕色，质地呈糊状，比花生酱稠。如果添加的辅食中蔬菜、水果较多，大便则略蓬松；鱼、肉、奶、蛋类较多，大便则略臭。

（二）识别婴幼儿异常大小便

1. 婴幼儿异常小便

通过观察婴幼儿小便的颜色、气味、小便次数和清亮度可以判断小便是否异常。

颜色：正常情况下，婴儿的尿色呈无色或浅黄色。尿色发黄通常是由于新生儿黄疸疾病所致。若尿色发红，可能是泌尿系统的疾病，如尿路感染等。

气味：婴儿新鲜尿液无气味，放置时间长会产生臭味。刚排出的尿就有异味，说明小便异常，是疾病的表现。

小便次数：若婴儿排尿频繁，但出现少尿，应注意观察是否由腹泻、发烧引起，是否需要补充适量液体。若婴儿少尿伴有浮肿，则应严格限制水和盐的摄入，以免加重浮肿。

清亮度：正常的尿液几乎是无色清澈。尿色浑浊，说明小便异常，若伴有发热、尿痛、尿频，可能为泌尿系统感染。

2. 婴幼儿异常大便

婴幼儿大便异常主要体现在以下几个方面。

新生儿 24 小时不排便。如果足月的新生儿出生后 24 小时内都没有排出胎便。建议请医生检查孩子是否有消化道先天畸形。

新生儿灰白便。婴儿从出生拉的就是灰白色或陶土色大便，一直没有黄色，但小便呈黄色，要警惕胆道阻塞的可能，这种灰白色大便，在医学上称陶土色大便。此外，进食奶粉过多或糖分过少，产生的脂肪酸与食物中的矿物质钙和镁相结合，形成脂肪皂，粪便也可呈现灰白色，质硬，并伴有臭味。

绿色稀便。粪便量少，次数多，呈绿色黏液状。这种情况往往是由于喂养不足引起的。当然，有些用奶粉喂养的婴幼儿，便便会呈暗绿色，其原因是一般奶粉中都加入了一定量的铁质，这些铁质经过消化道，并与空气接触之后，就呈现为暗绿色。

豆腐渣便。大便稀，呈黄绿色且带有黏液，有时呈豆腐渣样，建议就医诊治，因为这可能是由霉菌性肠炎引起的，患有霉菌性肠炎的婴幼儿同时还会患有鹅口疮。

蛋花汤样大便。常见于奶粉喂养的婴幼儿，每天大便 5~10 次，含有较多未消化的奶块，一般无黏液。如果是母乳喂养的婴幼儿出现这种情况，不必改变喂养方式，也不必减少奶量和次数，多能自然恢复；如果是混合喂养或奶粉喂养的婴幼儿，需适当调整饮食结构。将奶粉冲泡得稀些，还可适当喂些水。同时，也可适当减少每次的喂奶量而增加喂奶次数。若 2~3 天后大便仍不正常，就需要就医诊治了。

泡沫状便。大便中有大量泡沫，带有明显酸味。这是偏食淀粉或糖类食物过多的原因，使肠腔中食物增加发酵，产生泡沫。出现泡沫状便，需要适当调整饮食结构就能恢复正常。未添加辅食前的婴儿出现黄色泡沫状便，表明奶中糖量多了，应适当减少糖量，增加奶量；已经开始添加辅食的婴幼儿出现棕色泡沫状便，则是食物中淀粉类过多所致，如米糊、乳儿糕等，对食物中的糖类不消化所引起的，减少或停止这些食物即可。

大便发臭。大便闻起来像臭鸡蛋一样。这是提示婴幼儿蛋白质摄入过量，或蛋白质消化不良。应注意配奶浓度是否过高，进食是否过量，可适当稀释奶液或限制奶量 1~2 天。如果已经给婴幼儿添加蛋黄、鱼肉等辅食，可以考虑暂时停止添加此类辅食，等大便恢复正常后再逐步添加。还可以给婴幼儿用点益生菌，以帮助消化。

油性大便（大便颜色发亮）。粪便呈淡黄色、液状、量多，像油一样发亮，在尿布上或便盆中如油珠一样可以滑动。这表示食物中脂肪过多，在肠腔内会产生过多的脂肪酸刺激肠黏膜，使肠子的蠕动增加，产生淡黄色液状和量较多的大便，常见于奶粉喂养的婴幼儿。建议暂时改喂低脂奶，但是要注意一点，低脂奶不能作为正常饮食长期吃，只是暂时的。

水便分离。粪便中水分增多，呈汤样，水与粪便分离，而且排便的次数和量有所增多。这是病态的表现，多见于肠炎、秋季腹泻等疾病。建议立即带婴幼儿到医院就诊，并应注意婴幼儿用具的消毒。如若丢失大量的水分和电解质会引起婴幼儿脱水或电解质紊乱。

便秘（颗粒状大便）。大便干燥呈颗粒状，排便费力，或长时间不排便。需要强调的是，不要以几天拉一次或者一天拉几次来断定婴幼儿是否便秘，便秘的一个最重要特点就是婴幼儿大便是否硬结，像羊屎一样。有些婴幼儿哪怕每天都排便，但排便费力，大便干燥，那也是便秘。便秘要视情况处理：对于母乳喂养的便秘婴幼儿，建议妈妈要改变饮食，不要吃油腻辛辣上火的食物，可适当喂些水；如果婴幼儿吃的是配方奶粉，在两次喂奶期间，可适当多喂点白开水，或顺时针给婴幼儿揉揉肚子，以刺激肠蠕动；已经添加辅食的婴幼儿多吃一些菜泥、果泥这种高纤维促消化的食物；另外，选用含低聚糖的配方奶粉也有助于预防便秘发生。

小专栏：价值渗透

中医治疗小儿便秘

小儿便秘是指小儿大便秘结，排便时间或周期延长，或虽有便意但排时不爽，艰涩难以排出。便秘是某种疾病的一个症状，可见于多种急、慢性疾病中。中医据临床表现，将其分为实秘和虚秘两种。小儿便秘是小儿常见多发病，中医外治法作为中医特色疗法之一，治疗小儿便秘安全可靠，见效迅速，简便易行，费用低廉，无不良反应。

（1）推拿治疗。推拿作为一种非药物自然疗法，根据小儿的生理病理特点，通过在小儿特定的穴位或部位施以手法，可起到调整脏腑、疏通经络、条畅气血、调和阴阳的作用。

（2）穴位贴敷治疗。穴位贴敷是将药物吸收后产生的直接作用和刺激穴位激发经气产生的间接作用结合起来，达到治疗疾病的一种疗法，其理论基于中医整体观念和经络脏腑学说，从而对人体产生整体调节的作用。穴位贴敷与现代医学的经皮给药类似，通过刺激穴位，促进药物的吸收和代谢，有利于药物渗入皮肤进入人体发挥药理作用。小儿皮肤娇嫩，皮肤组织的透过性较好，更有利于药物透过皮肤刺激穴位，因而穴位贴敷在治疗小儿相应疾患中应用广泛，疗效突出。

（3）针灸治疗。针灸治病是根据脏腑、经络学说，运用四诊、八纲理论，辨证选穴处方，按方施术。针灸治疗小儿便秘主要是通过刺激人体腧穴，起调畅气机，通络导滞，协调脏腑，达到阴平阳秘的作用。临床上采用针灸治疗本病，腧穴多选用四缝穴，且以取穴少而精、不留针的针刺方法为主。

（4）中药药浴治疗。中药药浴是利用中药药液洗浴全身或局部的一种中医外治疗法，通过药物的皮肤渗透、交换以及浸浴过程对穴位、经络以及皮肤血管的刺激作用达到治疗目的。

（5）穴位埋线治疗。穴位埋线疗法是将医用羊肠线等埋置于相应腧穴内，通过异体蛋白组织对腧穴产生长期持续刺激作用，提高腧穴的兴奋性和传导性，以达到良性、双向性调节的一种治疗方法。

（6）耳穴贴压治疗。耳穴贴压法又称耳穴埋籽法，是指用硬而光滑的药物种子或药丸，如王不留行、白芥子等在耳廓上贴压耳穴，以达到治疗疾病目的的一种方法。

中医外治法作为中医特色疗法之一，是中医的重要组成部分，其安全可靠、见效迅速、简便易行、费用低廉的特点满足了当今社会追求"以人为本""绿色疗法"等现代医疗理念的需求，越来越受到患儿和家长的认可和青睐。

中华文化博大精深，借助现代医学技术，中医将更好地服务广大人民群众。

血便。血便的表现形式多种多样，通常大便呈红色或黑褐色，或者夹带有血丝、血块、血黏膜等。建议首先应该看看是否给婴幼儿服用过铁剂或大量含铁的食物，如动物肝、血所引起的假性便血。如果大便变稀，含较多黏液或混有血液，且排便时婴儿哭闹不安，应该考虑是不是因为细菌性痢疾或其他病原菌而引起的感染性腹泻；如果大便呈赤豆汤样，颜色为暗红色并伴有恶臭，可能为出血性坏死性肠炎；如果大便呈果酱色可能为肠套叠；如果大便呈柏油样黑，可能是上消化道出血；如果是鲜红色血便，大多表明血液来源于直肠或肛门。总之，血便不容忽视，以上状况均需立即到医院诊治。

（三）选择适宜的纸尿裤或拉拉裤

婴幼儿出生后的几个月里，照护者会选择纸尿裤进行大小便照护，在婴幼儿活动能力逐渐增强之后，为了适应爬行、站立、走路和跑步等行为，照护者可以选择婴幼儿拉拉裤。拉拉裤又称成长裤、学步裤，可用作纸尿裤和一般内裤的过渡物，采用与纸尿裤相同的材料与构造，但可直接穿脱，而且比纸尿裤更贴身和有弹性，特别适合学会走路、已适时进行排泄训练的婴幼儿。在选择纸尿裤或拉拉裤时，我们可以从以下几个方面考虑。

1. 安全性

查看包装上的标识是否规范。看看是否有标准号、执行卫生标准号、生产许可证号等，同时也要注意纸尿裤 / 拉拉裤的大小型号、生产日期和保质期，保证纸尿裤 / 拉拉裤的安全、适用。

2. 厚度

对于婴幼儿来说，越厚的产品其舒适性会越低，也会影响纸尿裤或拉拉裤的透气性，有可能引起皮肤过敏、湿疹等症状。较薄的产品里面都含有较多吸水树脂，而较厚的产品则含有较多绒毛浆。因此，要尽可能选择较薄的纸尿裤（拉拉裤）。

3. 透气性

纸尿裤（拉拉裤）透气性越好越不容易引发红屁股、尿布疹等症状。良好的纸尿裤（拉拉裤）既透气又不会使尿液外渗，除了设计上要有良好的剪裁外，材料的选用和构成也有一定的因素。目前大部分品牌纸尿裤表层都是以无纺布为主要原料，加上一层 PE 膜以防止反渗，纸尿裤（拉拉裤）透气性的好坏，取决于无纺布的质量。因此，在选用产品时要将无纺布的质量作为重要指标。

4. 设计合理性

现在许多纸尿裤（拉拉裤）的设计会有一条或者两条尿显线，中间加入了一种一遇到尿液就会变色的化学物质，这种物质对婴幼儿的皮肤是无刺激性的。婴幼儿只要尿了，尿显线就会变色，这样可以及时地发现婴幼儿尿尿的情况，让照护者能快速地知道是否该更换纸尿裤（拉拉裤）了。所以要尽可能选择有尿显线的纸尿裤（拉拉裤）。

随着婴幼儿一天天长大，活动量也随之增多，如果纸尿裤（拉拉裤）设计不合理，很可能在活动中发生外漏、侧漏现象，而选择具有防漏设计的纸尿裤（拉拉裤），就可以防止婴幼儿的排泄物渗出。

5. 气味

纸尿裤（拉拉裤）在生产过程中使用了多种原料和辅助材料，如胶粘剂、纸浆、弹性线等。气味不佳甚至有刺激性气味，说明该产品是使用了劣质材料，所以一定要买没有刺激性气味的纸尿裤。

6. 吸水性

吸水性好的纸尿裤（拉拉裤）能较好地保证婴幼儿屁股的干爽，防止红屁股、湿疹等情况。因此尽可能选择吸水性强的纸尿裤（拉拉裤）。

7. 柔软性

越柔软的纸尿裤（拉拉裤）对婴幼儿的皮肤伤害越小，同时所用材质也越好。外层为纸布膜类型的产品，触感舒适、柔滑。外层为塑料膜的触感较差，软硬度明显不及纸布膜类产品。内层无纺布的用料同样关系到纸尿裤（拉拉裤）的柔软性，可从手感和软硬度来判断。在产品选用时，一定要仔细辨别，尽量选择柔软性强的产品。

（四）正确更换纸尿裤

新生儿皮肤娇嫩，每次的尿量不一定很多，但可能一天多达 10 次以上，建议每隔 3~4 小时观察是否有更换纸尿裤的需求，避免让婴幼儿的屁股长时间浸润在湿纸尿裤中，容易产生尿布疹。为了最大限度地减少纸尿裤对婴幼儿造成的伤害，应当经常更换纸尿裤。此外，随着婴幼儿体形增长及体重增加，照护者必须替婴幼儿更换型号。

微课
婴幼儿
更换纸尿裤

1. 准备工作

（1）环境准备：室温保持在 26℃左右，防止婴幼儿着凉。

（2）物品准备：安全平稳的尿布台、纸尿裤、隔尿垫、温水、棉柔巾、护臀膏、棉签、污物桶等。

（3）照护者准备：剪指甲、去首饰、七步法洗手并温暖双手。

知识链接
婴幼儿的
生殖器护理

2. 操作流程

（1）更换准备。铺好隔尿垫，打开新纸尿裤，检查是否完好无损，备用。将婴幼儿轻轻放在安全平稳的尿布台上，脱去婴幼儿裤子，防止婴幼儿跌落，如图 3-2、图 3-3 所示。

图 3-2　将婴幼儿放置尿布台　　　　图 3-3　轻轻脱去婴幼儿裤子

（2）解开纸尿裤。轻轻打开纸尿裤的腰贴并折叠，以免粘住婴幼儿的皮肤。婴幼儿常常在此时开始撒尿，因此解开纸尿裤后仍将纸尿裤的前半片停留在臀部几秒钟，等待尿完。利用纸尿裤的吸水性，兜住尿液，以免弄湿和污染垫子，如图 3-4、图 3-5 所示。

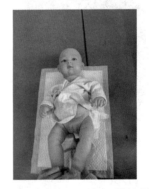

图 3-4　解开婴幼儿纸尿裤　　　　图 3-5　如有撒尿，用纸尿裤挡住尿液

（3）清除便便。先用左手抓住婴幼儿两只脚踝，向上拉起，一只手指夹在婴幼儿两踝之间，以免因两腿挤压过紧造成婴幼儿疼痛不适。如有粪便，可用脏纸尿裤干净的一面擦去肛门周围残余的粪便，将纸尿裤前后两片折叠，暂时垫在婴幼儿臀部的下面。然后，放下婴幼儿的两脚，再用棉柔巾蘸水拧干水分，从前向后洗净婴幼儿臀部及生殖器。擦拭时，先擦洗腹部，再到脐部。再清洁大腿根部和外生殖器的皮肤褶皱，由里往外顺着擦拭。

（4）晾干护臀。晾干臀部，抹上护臀膏。如果婴幼儿已经有红屁屁，就千万不要再使用护臀膏了，油性的护臀膏会让婴幼儿屁股不透气，会使情况更严重，如果严重应选用抗生素软膏涂抹局部。

（5）抽旧换新。将脏纸尿裤卷起来，用腰贴封紧放入污物桶，防止排泄物泄露和异味飘散。让婴幼儿侧卧，把新纸尿裤垫入其腰下，有腰封的半边在上方，再让婴幼儿平躺，千万不要将婴幼儿双臀提起，这种方法有损婴幼儿脊椎发育，如图3-6、图3-7所示。

 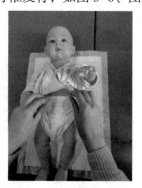

图 3-6　侧卧后将新纸尿裤垫入　　　　图 3-7　将腰贴对齐

（6）固定腰贴。固定腰贴时，两侧要对称，略微高一点。腰贴固定松紧要适度，能伸进去一根手指为最佳。接着将两边腹股沟的防漏条拉好，防止侧漏。如果新生儿的脐带未脱落，需要将纸尿裤的前端封条向下折叠，防止纸尿裤摩擦到脐带，如图3-8、图3-9所示。

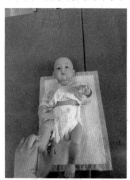 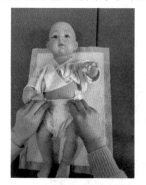

图 3-8　将防漏条拉好　　　　图 3-9　新生儿将前端封条向下折叠

（7）穿上婴幼儿裤子。

小专栏：职业品格

尊重与接纳婴幼儿

首先，照护者需要根据婴幼儿的哭声、身体的扭动以及气味，敏锐地观察到婴幼儿需要更换纸尿裤并积极做出回应，告诉婴幼儿是时候该更换纸尿裤了，让婴幼儿有心理上的准备，并将婴幼儿抱起轻轻放在更换纸尿裤的区域。

其次，动作轻柔地解开纸尿裤，并告诉婴幼儿有大便了，需要更换纸尿裤了。

再次，在擦洗臀部时轻柔地和婴幼儿交流，抬起双腿，用温湿纸巾擦洗会阴部及肛门周围、撤掉脏纸尿裤并涂抹护臀膏。

最后，与婴幼儿交流更换了新的纸尿裤感觉干爽和舒服。

在更换纸尿裤的每一步操作中都应始终关注婴幼儿的需求并做出积极回应，帮助其建立与周围环境的关联，使婴幼儿感受被尊重、关爱和接纳的亲子关系。

（五）正确处理婴幼儿尿布疹

尿布疹多见于初生至 1 岁前的婴儿，引起尿布疹的原因有：纸尿裤更换不勤，尿液对臀部皮肤引起刺激；新生儿的大便稀、量多，便后不清洗；臀部潮湿，潮湿的环境使局部皮肤的抵抗力下降而发生红臀；纸尿裤粗糙吸水性差；自身体质娇嫩；纸尿裤引发的过敏。

在护理尿布疹时，若皮肤有潮红、轻中度糜烂，可涂护臀膏。若皮肤糜烂，甚至溃疡，溃烂有脓疱，则表明婴幼儿已感染，应选用抗生素软膏涂抹局部。此时婴幼儿若有发热、精神不好等应立即到儿科就诊。除此之外，可进行臀部日光浴，充分暴露臀部在适宜强度的日光下晒 10~20 分钟，每日 2~3 次。

四、任务实施

根据任务要求，完成实训活页（见表 3-4）。

表 3-4　任务实训活页

（一）实施任务： 根据所学知识，为冬冬更换纸尿裤，并进行尿布疹护理。
（二）确定组内角色及分工： 组长：　　　　　　　　　　　　　　　任务： 组员 1：　　　　　　　　　　　　　　任务： 组员 2：　　　　　　　　　　　　　　任务： 组员 3：　　　　　　　　　　　　　　任务：
（三）实施目标：
（四）实施步骤：

五、任务评价

分别从自我、组间、教师等角度对学生的任务实施过程进行点评（见表 3-5）。

表 3-5 任务实施评价

项目	评分标准	自我评价	组间评价	教师评价
任务完成过程（70 分）	能够正确理解任务，并进行合理分工			
	能够根据任务资料，分析并制定任务目标			
	能够正确识别异常大小便			
	能够正确更换纸尿裤并进行臀部护理			
	积极参与小组合作与交流，配合默契，互帮互助			
	能够利用信息化教学资源等完成工作页			
	能很好地展示活动成果			
学习效果（30 分）	实施目标设定合理			
	达成预期知识与技能目标			
	达成预期素养目标			
合计				

自我评价与总结

教师评价

六、课后习题

（一）多选题

1. 婴幼儿便便是否正常，可以从哪几个维度进行观察？（　　）

　A.性状　　　　　　B.颜色　　　　　　C.便量　　　　　　D.次数

2. 婴幼儿大便黑色，不可能与下列哪些因素有关？（　　）

　A.胃或肠道上部出血

　B.服用贫血的铁剂药物

　C.胎便

　D.胆道梗阻

（二）判断题

1. 新生儿排尿量相对较少，一天只需要更换5~6片纸尿裤，长大后再根据排尿量和喝水量等情况更换。（　　）

2. 婴幼儿只需要在睡前换纸尿裤，睡醒后再更换一次即可。（　　）

（三）简答题

1. 婴幼儿发生尿布疹的原因有哪些？出现尿布疹该如何护理？

2. 如何正确识别婴幼儿异常大小便？

（四）案例分析题

婴幼儿皮肤还没有完全发育成熟，角质层非常薄，皮下组织细胞之间的连接不紧，含水量比较多，尤其是与纸尿裤接触区域的皮肤比身体其他部位更加薄；加之皮肤的生化、免疫及体温调节等功能也没有成熟，因此抵抗力比较弱，婴幼儿的大小便次数却远比大人们多，它们使小屁屁上的皮肤受到污染和潮湿的刺激机会也大大增多。

请问你是如何看待这个问题的？

任务 3.3　婴幼儿自主如厕习惯培养

一、任务情境

2 岁的派派要去上托班了，可是派派妈妈却怎么也高兴不起来。湿漉漉的裤子、沉甸甸的纸尿裤、画满"地图"的床单……派派妈妈一想到老师追着派派换裤子的场景，不禁感到头痛。妈妈多么希望派派能够学会自己上厕所。

如果你是托育机构人员，该如何对婴幼儿进行如厕指导？

二、任务目标

知识目标： 掌握婴幼儿自主如厕的影响因素。

技能目标：（1）能识别婴幼儿自主如厕的信号。

（2）能正确训练婴幼儿自主如厕。

素养目标： 通过对"把尿"传统育儿习俗的探讨，树立科学的育儿观和传统习俗观。

三、知识储备

自主如厕的习惯，有助于婴幼儿养成有规律的生活习惯，提高机体工作效率；有助于培养婴幼儿的自我生活能力，帮助其建立自信心，有利于个性的发展；有助于婴幼儿社会行为规范的养成，为婴幼儿适应社会和集体生活奠定基础，促进其社会性行为的发展。

（一）婴幼儿自主如厕的影响因素

1. 生理因素

1）婴幼儿排尿

婴幼儿常常"尿裤子""尿床"等，这与婴幼儿泌尿系统的发育特点紧密相关，图 3-10 为正常人体的泌尿系统结构。

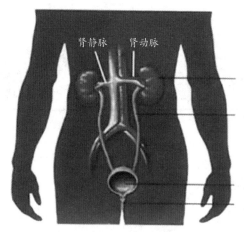

肾静脉　肾动脉

肾脏（形成尿液）

输尿管（输送尿液）

膀胱（暂时贮存尿液）

尿道（排出尿液）

图 3-10　正常人体的泌尿系统结构

肾脏。肾脏是形成尿液的器官，与成人相比，婴幼儿的肾脏占体重的比例更大、位置更低。随着婴幼儿的生长与发育，肾脏的位置逐渐升高，最后达到腰部。婴幼儿年龄越小，肾脏的吸收与排泄功能越差，神经系统发育不完善，主动排尿意识及排尿控制能力较弱，越易遗尿。

输尿管。输尿管是输送尿液的器官。婴幼儿输尿管相对较宽，管壁肌肉和弹力发育不完全，紧张度低，弯曲度大，因此容易尿流不畅，引起尿路感染等问题。

膀胱。膀胱是暂时贮存尿液的器官。婴幼儿的膀胱容量较小、储尿功能弱，然而新陈代谢旺盛、尿总量较多，所以需要多次排尿，且年龄越小，排尿次数越多。1 岁左右的婴幼儿每天排尿 15~16 次，2~3 岁的婴幼儿每天排尿 10 次左右，4~7 岁的婴幼儿每天排尿 6~7 次。

尿道。尿道是排除尿液的器官。婴幼儿的尿道较短，以新生女婴为例，尿道仅 1 cm，男婴尿道 5~6 cm，因此更容易引起尿路感染。

2）婴幼儿排便

直肠和肛管是完成自主排便的主要器官。当气态、液态或固态的肠内容物进入直肠后，直肠扩张，刺激位于耻骨直肠肌和盆底肌肉内的压力感受器，从而引起直肠肛门抑制反射。因此，排便是由直肠扩张所引起的骶神经丛反射性运动。

由于婴儿时期神经系统发育不完善，直肠的排空成为一种不受控制的神经反射运动。1 岁以前的婴儿对肠的运动几乎无知觉，大便的排泄不受主观意志控制。随着年龄的增长，机体通过不断锻炼抑制排便反射的能力从而获得自主控制排便的功能。大脑皮质不仅可以抑制排便反射，也可以在适合排便的环境下发动排便反射。

2. 心理因素

情绪紧张。情绪紧张也会引起膀胱突然收缩而排出尿液，成人亦是如此。想想看，当你大考之前或出席重要场合时，是否有"尿遁"的经历？

知识链接
我国传统育儿习俗"把尿"可取吗？

恐惧心理。在大小便的过程中造成的精神创伤，会导致婴幼儿对训练产生排斥抵抗心理，从而导致退步。比如婴幼儿正坐在便盆上，突然一声巨响，吓得他从便盆上狠狠摔下，当他再次站在便盆前时，便会心生恐惧。

自主感和控制感的发展。根据埃里克森心理发展八阶段理论，在 2 岁左右，婴幼儿掌握了大量的技能，如爬、走、说话等。更重要的是他们学会了怎样坚持或放弃，也就是说婴幼儿开始"有意志""自主"地决定做什么或不做什么，尤其是在自主如厕方面，享受自主如厕带来的快感。

（二）婴幼儿自主如厕训练的信号

美国儿科学会建议，在婴幼儿 1 岁半以后开始如厕训练。但 1 岁半之前开始如厕训练的婴幼儿，通常 4 岁后才能自主如厕；2 岁左右才开始如厕训练的婴幼儿，通常只需要半年就能掌握了。因此，自主如厕训练没有具体的时间，只要发现婴幼儿发出如下信号，就可以进行如厕训练。

（1）看到大人上厕所会好奇，会模仿，说明具备一定的自我意识；

（2）可以至少保持 2 小时纸尿片干爽，说明尿道括约肌和肛门括约肌的控制力在提高；

（3）在纸尿裤湿的时候感到很不自在，想要把它拿出来；

（4）能听懂简单的指令，如"站起来""蹲下"等；

（5）会说一些简单的如厕用语，如"便便""嘘嘘""拉屁屁""嗯嗯"；

（6）会自己穿脱裤子；

（7）大便和小便前有语言和表情信号，如打尿颤、玩耍时突然发呆、面部潮红、两眼直视、身体抽动等。

（三）婴幼儿自主如厕训练

1. 准备工作

（1）生理准备。大多数婴幼儿在 18~24 月龄时就开始进行如厕训练，但也有婴幼儿可能要到 4 岁才能准备好。具体时间应该根据婴幼儿的生理和心理成熟程度而定，不可一概而论。一般情况下，随着年龄增长，神经系统不断发育完善，到 2 岁左右，婴幼儿对充盈的膀胱、直肠有反应，会有需要排便的感觉，并且会通过语言、动作或者其他方式表达自己的感觉，此时是接受如厕训练的最佳时机。

（2）心理准备。让婴幼儿在如厕过程中体验到排泄后的舒服与快感，在婴幼儿成功排泄后给予适当的鼓励与表扬，让婴幼儿在如厕过程中提升自我效能感。

（3）物品准备。图 3-11 是常见的婴幼儿坐便器。

2. 操作流程

婴幼儿如厕训练有如下步骤。

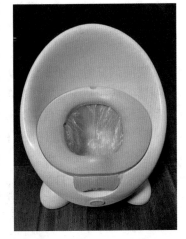

图 3-11　婴幼儿坐便器

（1）喜欢坐便器。通过观看卡通视频或绘本讲解等方式，使婴幼儿逐渐熟悉坐便器。对于刚接触坐便器的婴幼儿来说，它是个陌生的东西，有的婴幼儿在脱去裤子坐上坐便器的那一刻是恐惧害怕的，所以需要通过各种方式让婴幼儿喜欢上坐便器，而不是排斥。让婴幼儿习惯便盆，把它当作生活中的一部分。如果婴幼儿不愿意坐在便盆上，照护者一定不要强迫，务必保持耐心和冷静，不可操之过急，可几天、几周或几个月后再试。

（2）定时训练。让婴幼儿每天坐在便盆上 1 次，可以是早餐后、洗澡前或任何他很可能会大小便的时间点。例如早晨一起来就让婴幼儿坐在坐便器上，往往容易拉出来。然后适当地表扬："宝宝知道尿尿在马桶里了！好棒！棒宝宝！"如此，就建立了"便便—坐便器—受表扬"的条件反射，因此在最有便意的时间点让婴幼儿坐在坐便器上排便，最能强化婴幼儿的排便行为。

（3）定点训练。将坐便器放置在同一个地方。帮助婴幼儿形成"便意—厕所"这一条件反射。

（4）及时回应婴幼儿排便信号。当婴幼儿发出"便便""嘘嘘""拉屁屁""嗯嗯"等语言信号或打尿颤、玩耍时突然发呆、面部潮红、两眼直视、身体抽动、双腿夹紧或手捂裤子等身体信号时，照护者应该立即带婴幼儿到坐便器旁，告诉他，"你要尿尿了""你要便便了"。大小便时禁止吃东西或玩玩具，长此以往易造成便秘。

（5）教会穿脱裤子。带婴幼儿到坐便器旁，让婴幼儿自己试着把裤子脱到脚的位置，做得好给予奖励夸赞。脱裤子的练习可以从简单的裤子到复杂的裤子。如果婴幼儿不会，照护者可以在一旁示范给婴幼儿看。几次练习下来，婴幼儿就会掌握这一技能。

（6）清洁肛门。开始时可由照护者代劳，让婴幼儿翘起屁股方便擦拭，慢慢地让婴幼儿学会自己清洁肛门。可以教他在成人马桶的坐便器上排便，盖好马桶盖，放水冲，养成良好的卫生习惯。

（7）便后洗手。把婴幼儿带到水池旁边，打开水龙头把手洗干净，用毛巾擦干。在婴幼儿能够独立完成时要及时给予表扬，让婴幼儿体会自主如厕的舒心。

3. 注意事项

通过绘本故事或卡通视频帮助婴幼儿了解自主如厕，推荐绘本《是谁嗯嗯在我的头上》《妈妈，你看！》《呀，拉出香蕉船》《尿尿大冒险》《你的大便在哪里》《我的小马桶》等。

夜间训练时，别让婴幼儿上床前喝太多流质物，告诉他半夜醒来时可叫照护者带他用坐便器，从而减少夜里尿床的次数。鼓励婴幼儿用成长裤，当婴幼儿因为穿真正的内裤而受到激励时将有利于自主如厕训练。

另外，在婴幼儿上厕所的过程中，照护者不要过分关注大小便的形状和气味，诸如"臭死了""好恶心"等。

在婴幼儿进行自主如厕训练的过程中，时常出现倒退状况，不要生气或者惩罚孩子，照护者要平静地收拾干净，告诉婴幼儿下次试着使用坐便器。

四、任务实施

根据任务要求，完成实训活页（见表 3-6）。

表 3-6　任务实训活页

（一）实施任务：
根据所学知识，指导派派的妈妈对派派进行自主如厕训练。
（二）确定组内角色及分工：
组长：　　　　　　　　　　　　　任务： 组员 1：　　　　　　　　　　　　任务： 组员 2：　　　　　　　　　　　　任务： 组员 3：　　　　　　　　　　　　任务：
（三）实施目标：
（四）实施步骤：

五、任务评价

分别从自我、组间、教师等角度对学生的任务实施过程进行点评（见表 3-7）。

表 3-7　任务实施评价

项目	评分标准	自我评价	组间评价	教师评价
任务完成过程（70分）	能够正确理解任务，并进行合理分工			
	能够根据任务资料，分析并制定任务目标			
	能够正确实施婴幼儿如厕指导			
	能够通过自主学习，完成学习目标			
	积极参与小组合作与交流，配合默契，互帮互助			
	能够利用信息化教学资源等完成工作页			
	能很好地展示活动成果			
学习效果（30分）	实施目标设定合理			
	达成预期知识与技能目标			
	达成预期素养目标			
合计				

自我评价与总结

教师评价

六、课后习题

（一）选择题

　　1. 婴幼儿如厕训练的注意事项包括（　　　　）。

　　　A. 不要过多地责怪婴幼儿

　　　B. 应尽早开始如厕训练

　　　C. 不要强迫婴幼儿一直坐在便盆上

　　　D. 注意保护婴幼儿的自尊心和隐私

　　2. 婴幼儿自主如厕的影响因素有（　　　　）。

　　　A. 尿道括约肌和膀胱括约肌发育不完善

　　　B. 恐惧心理

　　　C. 自我控制感的发展

　　　D. 气候原因

　　3. 婴幼儿的泌尿系统中不包括（　　　　）。

　　　A. 中枢神经　　　　　B. 肾脏　　　　　　C. 输尿管　　　　　D. 膀胱

（二）判断题

　　1. 婴幼儿便后清洁指导过程中发现错误应立即批评改正。（　　　）

　　2. 婴幼儿的如厕训练开始得越早越好，所有婴幼儿都可在 2 岁开始进行如厕训练。
（　　　）

　　3. 排便信号的发起，既可以是口头语言，也可以是肢体动作，成人应该及时准确识别
婴幼儿的排便信号。（　　　）

（三）简答题

　　1. 婴幼儿进行自主如厕训练的信号有哪些？

　　2. 请简述婴幼儿自主如厕训练的步骤。

任务 3.4 婴幼儿"三浴"与抚触

一、任务情境

涛涛今年 2 岁了，入托一周，老师发现涛涛情绪有点低落。老师决定带涛涛和其他婴幼儿一起做户外活动，进行"空气浴"锻炼。

"空气浴"有什么优点？如何进行"空气浴"？

二、任务目标

知识目标：理解并掌握"三浴"锻炼的重要性、原理及注意事项。

技能目标：（1）能够正确指导婴幼儿"三浴"锻炼。

（2）能够正确进行婴幼儿抚触。

素养目标：（1）了解婴幼儿照护工作的复杂性。

（2）照护者需具备持之以恒的爱心和细心，足够的耐心和同理心。

三、知识储备

"三浴"即空气浴、日光浴和水浴。"三浴"锻炼是利用空气、日光和水等自然因素对婴幼儿进行体格锻炼。"三浴"锻炼能够促进婴幼儿生长发育和智力发展，提高机体对外界的耐受力和抵抗力，有利于婴幼儿良好的情绪和心理素质的培养。合理地利用"三浴"锻炼能增强婴幼儿体质，预防疾病，促进婴幼儿身心健康发展。

（一）"空气浴"锻炼

1. "空气浴"的含义与作用原理

"空气浴"是通过气温和体表之间的差异形成刺激，作用于婴幼儿皮肤，气温越低，作用时间越长，刺激强度就越大。"空气浴"时婴幼儿身体大部分皮肤暴露在空气中，接受大自然中新鲜空气的沐浴。新鲜空气中含氧量高，能够促进机体新陈代谢，使皮肤和呼吸道得到锻炼，从而增强机体抵抗力。

2. "空气浴"的适宜条件

（1）温度条件：热→温→冷。"空气浴"可在 3 种气温下进行。温暖温度为 20~30℃，低温为 14~20℃，寒冷温度为 0~14℃。应从温暖开始，逐步过渡到低温，最后达到寒冷温度。因此，"空气浴"最好从夏季开始，逐渐过渡到秋季、冬季。

知识链接
婴幼儿的
体操类型

（2）锻炼环境：室内→室外。"空气浴"可从室内开始，室内温度不低于 20℃，逐渐减少衣物，7~10 天后使婴幼儿尽量裸露，然后移步至室外。室内锻炼前需要通风换气，保证室内空气清新。

（3）锻炼时间：短→长。"空气浴"的时间可从 5 分钟，逐渐延长至 10~15 分钟，能达到 20~25 分钟最佳。

（4）注意事项：婴幼儿在进行"空气浴"过程中若出现怕冷（皮肤起鸡皮疙瘩）、呕吐、烦躁等症状时，应立即停止，让婴幼儿休息并让其保暖，适量饮用温开水。

（二）"日光浴"锻炼

1. "日光浴"的含义与作用原理

"日光浴"锻炼是婴幼儿进行体格锻炼的一种主要方式。日光中的紫外线能使皮肤中的 7- 脱氢胆固醇转变为内源性维生素 D，能预防婴幼儿维生素 D 缺乏性佝偻病的发生，同时能使身体温热，促进皮肤血管扩张，增强血液循环，锻炼婴幼儿心肺功能。图 3-12 是一位新生儿在室内享受"日光浴"。

图 3-12　新生儿 "日光浴"

2. "日光浴"的适宜条件

"日光浴"之前需要先进行 5~7 天的空气浴锻炼。

（1）适宜的温度：最好在初秋到春季这段时间为宜，一般气温以 20~24℃为宜。高温季节不宜进行，冬季需要根据气候变化和婴幼儿体质灵活掌握。由于日光中大部分紫外线会被玻璃吸收，透过率仅为 20.3% 左右，因此冬季不宜隔着玻璃窗进行"日光浴"，要尽量使日光直接照射身体皮肤，才能达到"日光浴"的效果。

（2）适宜的时间及部位：春秋季 10:00—11:00 为最佳锻炼时间，以暴露四肢为主；夏季以 8:00—9:00、15:00—17:00 为宜，可裸露或只着短裤，注意婴幼儿头面部的防晒，避免日光直接照射婴幼儿头面部，可用毛巾、遮阳帽或遮阳镜保护好婴幼儿眼睛；冬季以 10:00—12:00 为宜，可暴露头、面部和臀部。锻炼时长可从 5 分钟逐渐延长至 20 分钟。

（3）注意事项：空腹及早餐 1 小时内不宜进行"日光浴"，结束后也不宜立即进食；每次"日光浴"时间不超过 20~30 分钟，同时在进行"日光浴"过程中要密切关注婴幼儿的脉搏、呼吸、出汗和皮肤发红等情况，并询问婴幼儿感觉，若婴幼儿表现出虚弱、烦躁等症状，应立刻停止，回室内休息，适当补充糖盐水，并随时观察。

（三）"水浴"锻炼

1."水浴"的含义与作用原理

"水浴"是婴幼儿进行体格锻炼的另一种主要方式，利用水的机械作用和水的温度刺激皮肤，使血管收缩或舒张，增强婴幼儿的体温调节能力，促进其血液循环，改善机体对冷热变化的接受能力。"水浴"的作用在于通过水温和水的机械作用刺激机体，提高大脑皮质的兴奋、抑制和调节体温功能，增强机体对温度变化的适应能力，以达到身体锻炼的目的。新生儿"水浴"如图 3-13 所示。

图 3-13　新生儿"水浴"

2."水浴"的种类及操作

1）温水浴

温水浴从婴幼儿出生时就可以开始，脐带未脱落的要用防水脐贴，护住脐带，乳痂应及时处理。温水浴的水温一般以 37~38℃为宜。冬春季每日一次，夏秋季可每日两次，在水中的时间为 7~12 分钟。

微课
乳痂的处理

微课
为新生儿
洗澡

因为新生儿的身体各项机能还没有发育完全，为了避免在洗澡过程中对新生儿的身体健康造成不良的影响，在给新生儿洗澡的时候，应当积极做好洗澡前的准备工作，包括给新生儿准备衣物、纸尿裤等。

为新生儿洗澡的准备工作主要包括环境准备、物品准备、照护者准备。

（1）环境准备。室温控制在 26~28℃，关好门窗，防止对流风。

（2）物品准备。具体准备工作如下。

①安全平稳的操作台，最下层铺隔尿垫，然后上面再铺两层大浴巾。

②大浴盆、婴幼儿专用沐浴露、洗发水、小毛巾 2 块、冷水热水、水温计、75% 酒精或碘伏、抚触油、护臀膏、医用棉签、防水肚脐贴、棉柔巾。

③婴儿干净的衣服，干净的纸尿裤。

（3）照护者准备。剪指甲、去首饰、七步法洗手、戴口罩。

为新生儿洗澡的具体操作流程如下。

（1）先放冷水再放热水，调试水温到 38~40℃。

（2）婴儿脐带未脱落或者脐部有分泌物时，就需要给婴儿贴上防水肚脐贴。

（3）在操作台上给婴儿脱掉衣服和纸尿裤，如有大便，先清理干净再洗澡。

（4）一手抓住婴儿对侧腋下，另一手抓住婴儿对侧的大腿根部，先让婴儿脚入水，慢慢让婴儿适应后，再把婴儿身体放进浴盆，肚脐上放块小毛巾。

（5）用另一块毛巾打湿身体，沐浴露倒在手上揉出泡沫，按颈部→腋下→两手臂→手→前胸→后背的顺序轻揉，然后用清水按这个顺序过清。

（6）同样方法洗下半身：按从腹部→腹股沟→会阴→两腿→双脚→臀部顺序。

（7）洗好后，抱起婴儿放操作台，用大浴巾包好，轻轻吸干水分。

（8）撤掉第一块湿的浴巾，垫上纸尿裤，用第二块干浴巾包裹婴儿。

（9）用棉签蘸 75% 的酒精或者碘伏，从内到外消毒脐部。

（10）给婴儿涂上适量抚触油做抚触。

（11）涂护臀膏，然后包好纸尿裤、给婴儿穿上衣服。

为新生儿洗澡的注意事项如下。

（1）洗澡是护理婴儿过程中非常重要的操作，操作中用轻柔的声音和婴儿沟通，安抚婴儿，减少婴儿哭闹，整个洗澡护理时间在 10 分钟内。

（2）在洗澡过程中，始终保护好婴儿的头颈肩。

（3）低体重儿可用擦浴方法清洁皮肤。

（4）沐浴露一周使用 1~2 次即可。

2）冷水浴

冷水浴适用于较大的婴幼儿，最好从夏季开始，前期可先用凉水洗手、洗脸作为过渡，开始水温可以高至 35℃，以后逐渐降至 28℃ 左右。用凉水洗完后用毛巾擦干。2 岁左右的幼儿可用冷水浴进行身体锻炼。每天锻炼的时间因人而异。开始时水温为 35℃，每 3 天降 1℃，以后逐渐下降到 28℃ 左右。每次浴毕用较冷的水（28℃ 左右）冲淋，随即用毛巾擦干、包裹，穿好衣物。冬季要注意室温、水温，做好浴前的准备工作，减少体表热能散发。

3）擦浴

擦浴适用于 7 个月以上的婴幼儿。擦浴时气温保持在 16~18℃，开始时水温可降至 32~33℃，待婴幼儿适应后，每隔 2~3 天降温 1℃，婴儿可逐渐降至 26℃，幼儿可降至 24℃。先将吸水性强且软硬适中的毛巾浸入水中拧至半干，然后在婴幼儿四肢做向心性擦拭，擦毕再用干毛巾擦至皮肤微红。有游泳条件者可从小训练，成人在旁看护。选择平坦、清洁、附近无污染源的地方或室外游泳池。气温不低于 24℃，水不低于 22℃。开始时每次 1~2 分钟，逐渐延长。幼儿感觉寒冷或有寒战表现，应立即出水，擦干身体，进行保暖。空腹或刚进食后不可游泳。

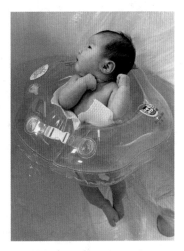

图 3-14 新生儿游泳

4）婴幼儿游泳

皮肤与水的接触，可以促进视觉、听觉、触觉、动觉等发育，促进婴幼儿脑神经生长发育，促进骨骼发育，增进食欲，增加肺活量，提高婴幼儿抗病能力，增加睡眠，减少哭闹，促进亲子情感交流。

婴幼儿游泳的操作步骤如下。

（1）脐带未脱落的要用防水脐贴，护住脐带。

（2）脱掉婴幼儿身上除纸尿裤之外所有衣物，并用浴巾包裹好，照护者用左手将婴幼儿身体夹在左腋下，用左手掌托稳婴幼儿的头，让婴幼儿脸朝上。

（3）擦洗面部：用一块专用小毛巾沾湿，从眼角侧内侧向外轻轻擦拭婴幼儿双眼、嘴、鼻、脸及耳后。

（4）洗头：头稍低于躯干，用右手抹上洗发露按摩头部，然后用清水冲洗擦干。

（5）套游泳圈：根据婴幼儿大小选择合适的游泳圈，游泳圈与婴幼儿颈部间隔约两手指，用一块小毛巾垫在婴幼儿下颌，让婴幼儿感觉更舒适。如图 3-14 中一位新生儿在游泳，由于其头围过小，因此将游泳圈套在婴儿的身体上，并将棉柔巾垫在游泳圈内侧让其更为舒适。

（6）要缓慢入水，以免婴幼儿受到惊吓，可先拉着婴幼儿手，等婴幼儿适应后再慢慢松开手。

婴幼儿游泳的注意事项如下。

（1）必须进食后一小时左右进行，游泳时间约 10 分钟。

（2）游泳池水深大于 60 cm，必须以婴幼儿足不触及池底为标准。

（3）婴幼儿游泳期间必须专人看护。

（4）室温在 26~28℃左右，水温在 38℃左右，同时注意观察婴幼儿的皮肤颜色及全身情况。

（5）游泳圈在使用前要进行安全检查，如型号是否匹配（游泳圈内口径稍大于婴幼儿颈围直径）、保险扣是否安全，双气道充气均匀，是否漏气（将游泳圈放在水中检查）。

（6）游泳圈用消毒液擦拭，再用清水冲洗、晾干。

（四）婴儿抚触

微课
婴幼儿抚触

抚触是指通过皮肤触觉，对婴幼儿进行头部、胸腹部、四肢、背部及臀部等处皮肤的接触和抚摸，以促进婴幼儿身心发展的一种方法。

新生儿的触觉很灵敏，其敏感部位是眼、口、手掌及足底等。6 个月左右皮肤有触觉的定位能力。新生儿对痛觉反应迟钝，2 个月后对刺激才表示出痛苦。新生儿对温度感觉很灵敏，环境温度骤降即啼哭，保暖后即安静。

抚触可以刺激皮肤，有益于循环、呼吸、消化、集体肌肉放松与活动，也是父母与婴儿间最好的交流方式之一。

1. 准备工作

环境准备：室温控制在 26~28℃，关好门窗，防止对流风。

物品准备：平稳的操作台、抚触油等。

照护者准备：剪指甲、去首饰、七步法洗手并温暖双手。

婴儿准备：婴儿吃完奶后 1 小时左右进行，沐浴后最好。

2. 操作步骤

（1）头面部：①用两手拇指指腹从眉弓部向两侧太阳穴按摩。②两手拇指从下颌部中央向外上方按摩，让上下唇形成微笑状。③一手托头，另一手的指腹从前额发际向上向后按摩，至两耳后乳突。

（2）胸部：手分别从胸部的两侧肋下缘向对侧肩部按摩，应避开乳头。

（3）腹部：两手依次从婴儿的右下腹至上腹向左下腹。呈顺时针方向按摩。

（4）四肢：两手交替抓住婴儿的一侧上肢，从腋窝至手腕轻轻滑动并挤捏。对侧及双下肢的做法相同。

（5）手和足：用四指按摩手背或足背，并用拇指从婴儿手掌面或脚跟向手指或脚趾方向按摩，对每个手指、足趾进行搓动，可在按摩手和足时进行。

（6）背腹部：①婴儿呈俯卧位，双手掌分别由颈部开始向下按摩至臀部。②以脊柱为中心，两手四指并拢，由脊柱两侧水平向外按摩，至骶尾部。

3. 注意事项

（1）注意室内温度一定不能低于25℃，因为抚触时婴儿最好全身裸露。

知识链接
婴儿抚触儿歌

（2）抚触前照护者要摘下手上的所有饰品，包括戒指、手表等，要注意指甲要剪短，以免刮伤婴儿娇嫩的皮肤。

（3）抚触前用温水洗净双手，以免刺激到婴儿。

（4）为了避免婴儿的皮肤受到伤害，可用少许抚触油抹在手上，起到润滑的作用，不要把抚触油直接抹在婴儿身上，以免引起婴儿不适。

四、任务实施

根据任务要求，完成实训活页（见表 3-8）。

表 3-8　任务实训活页

（一）实施任务： 　　雯雯快 2 岁了，比同龄女孩体重大，身体素质较差，气候变化时容易感冒，且每次一感冒就会出现咳嗽、气喘吁吁的表现。立夏以来，气温逐渐升高，请你为雯雯实施"冷水浴"锻炼，以逐步增强其体质。 　　根据所学知识，为雯雯进行"冷水浴"及抚触锻炼。
（二）确定组内角色及分工： 组长：　　　　　　　　　　　　　　任务： 组员 1：　　　　　　　　　　　　　任务： 组员 2：　　　　　　　　　　　　　任务： 组员 3：　　　　　　　　　　　　　任务：
（三）实施目标：
（四）实施步骤：

五、任务评价

分别从自我、组间、教师等角度对学生的任务实施过程进行点评（见表 3-9）。

表 3-9　任务实施评价

项目	评分标准	自我评价	组间评价	教师评价
任务完成过程（70分）	能够正确理解任务，并进行合理分工			
	能够根据任务资料，分析并制定任务目标			
	能够正确进行"冷水浴"及抚触锻炼			
	能够通过自主学习，完成学习目标			
	积极参与小组合作与交流，配合默契，互帮互助			
	能够利用信息化教学资源等完成工作页			
	能很好地展示活动成果			
学习效果（30分）	实施目标设定合理			
	达成预期知识与技能目标			
	达成预期素养目标			
合计				

自我评价与总结

教师评价

六、课后习题

（一）选择题

1. 婴幼儿的"三浴"不包括（　　　）。

　　A. 空气浴　　　　　　B. 日光浴　　　　　　C. 水浴　　　　　　D. 足浴

2. 以下哪个年龄阶段的婴幼儿适宜进行"冷水浴"？（　　）

　　A. 6~12 个月　　　　B. 1 岁　　　　　　　C. 1.5 岁　　　　　　D. 2 岁

3. 一般来说，冬季的哪个时间段适宜进行"日光浴"？（　　）

　　A. 8:00~9:00　　　B. 9:00~10:00　　　C. 10:00~12:00　　　D. 13:00~15:00

（二）判断题

1. 婴幼儿"空气浴"的温度条件应该从冷→温→热。（　　　）

2. "三浴"实施过程中需要成人密切关注婴幼儿的身体反应和情绪状态，如有不适，应立即停止。（　　　）

（三）简答题

1. "三浴"实施的适宜条件分别有哪些？

2. 婴幼儿抚触的正确步骤有哪些？

项目 4

婴幼儿睡眠照护与回应

睡眠是我们日常生活中最熟悉的活动之一。人的一生大约有1/3 的时间是在睡眠中度过的。睡眠质量的好坏与人体健康与否有密切关系。婴幼儿的神经系统还没有发育成熟，大脑皮质的特点是容易兴奋，也容易疲乏，如果疲劳后得不到应有的休息，就会精神不好、食欲不振，以致容易生病。因此，应该确保婴幼儿在生长过程中拥有优质的睡眠，这就需要良好的睡眠照护。

任务 4.1 睡眠生理功能及意义

一、任务情境

派派的出生让妈妈欣喜不已，但是最近派派妈妈整天都是疲惫不堪的状态。一问才知道，原来派派每天晚上两小时就醒来一次，妈妈每天半夜都要起来给派派喂奶，搞得妈妈睡眠质量差，睡眠时间严重不足。

请问睡眠不足对派派妈妈身体有什么影响？你能想到什么解决办法吗？

二、任务目标

知识目标：理解并掌握婴幼儿睡眠周期及生理功能。
技能目标：能合理分配婴幼儿睡眠时间。
素养目标：能够根据人体生物节律，调整作息，养成良好的生活习惯。

三、知识储备

（一）睡眠生理

睡眠随着时代的变迁而有着不同的内涵。最初法国学者认为：睡眠是由于人体内部需要而使自身感觉活动和运动性活动暂时停止，若给予适当刺激，则立即觉醒的状态。后来人们认识了脑电活动，认为睡眠是由于脑的功能活动而引起的动物生理性活动低下，给予适当刺激可使之达到完全清醒的状态。经过近些年的研究，现代医学大致认为：睡眠是人恢复精神和体力所必须的一种主动过程，且受专门中枢管理。睡眠期间，人脑只是换了一种工作方式。良好的睡眠使能量得以贮存、体力得以恢复、生产力得以保证。

对于婴幼儿来说，睡眠质量直接关系到生长发育。一方面，睡觉可使大脑神经、肌肉等得以松弛，解除肌体疲劳；另一方面，婴幼儿睡着后，体内生长激素分泌旺盛，其中促进人体长高的生长激素在睡眠状态下的分泌量是清醒状态下的 3 倍左右，所以充足的睡眠对长高非常有利。因此，给婴幼儿足够的睡眠时间，让婴幼儿能有优质的睡眠是非常重要的。

（二）NREM 与 REM 睡眠

目前国际上通用的方法是根据睡眠过程中脑电图表现、眼球运动情况和肌肉张力的变化等，将睡眠分为两种不同时期，即非快速眼动（NREM）时期和快速眼动（REM）时期。NREM 睡眠又称为慢波睡眠、同步化睡眠、正相睡眠，在婴儿期又称为静态睡眠。这一时期的特点为全身代谢减慢，与入睡前安静状态相比，睡眠期总体代谢率可降低 10%~25%，脑血流量减少，大部分区域脑神经元活动减少，循环、呼吸和交感神经系统的活动水平都有一定程度的降低。表现为呼吸深沉而绵长、心率减慢、血压下降、体温降低，全身感觉功能减退，肌肉张力降低，但仍然能够保持一定的姿势，无明显的眼球运动。REM 睡眠又称为去同步化睡眠、快波睡眠或异相睡眠，在婴儿期称为动态睡眠，这一时期的特点为呼吸浅快，不规则，容易出现咧嘴微笑、眼珠转动等小动作。

（三）睡眠周期

睡眠周期，是指睡眠存在一个生物节律，NREM 睡眠与 REM 睡眠交替出现，交替一次称为一个睡眠周期。

成人的一个睡眠周期通常为 90~100 分钟，每夜通常有 4~6 个睡眠周期。婴儿的睡眠周期通常为 50 分钟。静态睡眠下，脸部放松，呼吸均匀，眼闭合，全身除偶然的惊跳和极轻微的嘴动外没有自然的活动。静态睡眠的作用是分泌生长激素和生长发育。动态睡眠时，呼吸不规则，比动态睡眠时稍快，手臂、腿和整个身体偶然有些活动，脸上常显出可笑的表情，如做出怪相、微笑和皱眉等，有时出现吸吮动作或咀嚼运动，均为正常行为活动。动态睡眠的作用为合成蛋白质，促进记忆、知识、梦境的过程，促进感知、运动发育。动态睡眠占总睡眠的 30%~50%。在婴儿觉醒前通常是处于动态睡眠状态。

对于婴幼儿照护者来说，能识别新生儿不同的睡眠状态尤为重要。照护者不仅要了解新生婴儿，而且要很敏感地捕捉他们的需要，恰当地满足他们的要求，而又不过分打扰他们的休息。例如，当新生儿在动态睡眠时，轻轻地啜泣和运动，但没有醒来，也未哭出声来，照护者知道这是在睡眠周期中发生的现象，婴儿可能只是在做梦，不用急着去抱他们起来或喂奶，只要拍一拍他们，过一会儿他们又能安静睡眠了。

人类不同年龄的睡眠时间是不同的，新生儿每天的睡眠时间平均为 16 小时以上，幼儿需要 9~12 小时，学龄儿童需要 9~10 小时，成人需要 7~9 小时，老年人需要 6~8 小时。随着人们生活节奏的加快，睡眠问题得到越来越多人的关注，了解睡眠周期，将有助于人们更好地工作与生活。

（四）睡眠的生理意义

适当的睡眠对我们的健康和体力的恢复有很大的益处。睡眠具有以下功能。

（1）促进脑功能发育。REM 睡眠期大脑仍处于比较活跃的状态，脑神经仍在不断整合各种记忆信息，不断调整不同脑区之间的联系，促进脑功能的发育。

（2）巩固记忆。REM 睡眠期，大脑对白天感知的和通过学习获得的各种信息进行进一步处理，从而促进记忆功能。

（3）促进精力的恢复。NREM 睡眠期脑部及全身机能均处于相对较低的一个阶段，这时全身新陈代谢显著降低，尤其在深睡眠期，脉搏减慢，呼吸变深变慢，基础代谢率和脑代谢下降，脑血流量降低，脑部的营养物质含量明显增加，促进精力的恢复。

（4）促进机体生长、延缓衰老。绝大多数的生长激素是在深睡眠期分泌产生的，而生长激素能够促进机体生长、延缓衰老。

（5）增强机体的免疫能力。睡眠期间，机体可调节产生更多的具有免疫能力的细胞和免疫物质，增强机体的抵抗能力。

（6）保护中枢神经系统。睡眠时，血脑屏障通透性减弱，从而阻止有害物质进入大脑，起到保护中枢神经系统的作用。

总之，适当的睡眠对我们的生理和心理健康有很大的益处。我们需提高健康睡眠意识，养成良好的睡眠习惯，拥有美好的睡眠。

小专栏：自我提升

科学管理时间，合理规划大学生活

睡眠占一个人生命的 1/3，每晚充足的睡眠是个体身心健康的基本要求。虽然科学建议年轻人每天需要 7~9 小时的睡眠以维持健康，但国内近期的一项大样本调查报告显示，42% 的大学生因失眠导致每天平均睡眠时间低于健康标准。在一项对新疆某医学院大学生进行的调查中发现，771 名大学生中 146 人有睡眠质量问题。对北京市某高校 128 名大学生进行睡眠质量调查，其中有 15.6% 的学生存在睡眠问题。

大量研究证实，睡眠缺乏与个体白天的过度嗜睡、情绪低落、易怒和低耐受水平、注意力难以集中以及慢性病等隐蔽健康问题有关。对于大学生而言，长期睡眠不足还意味着学业成绩的降低及倦怠风险的增加，严重影响大学生的学习生活。不仅如此，如果睡眠问题长期持续而得不到及时纠正，则内分泌的紊乱可能演变为睡眠障碍，导致焦虑、抑郁等情绪问题，甚至诱发自杀行为。可见科学合理地管理时间是我们建立深厚知识基础，获得良好知识储备的重要保证，也是我们成长与发展的基本前提。

四、任务实施

根据任务要求，设定合理的知识、技能与素养目标，完成实训活页（见表 4-1）。

表 4-1　任务实训活页

（一）实施任务： 推算自己的睡眠周期，并根据自身学习、生活情况及精神状态倒推入眠时间，合理制定作息表。
（二）确定组内角色及分工： 组长：　　　　　　　　　　　　　　任务： 组员 1：　　　　　　　　　　　　　任务： 组员 2：　　　　　　　　　　　　　任务： 组员 3：　　　　　　　　　　　　　任务：
（三）实施目标：
（四）实施步骤：

五、任务评价

分别从自我、组间、教师等角度对学生的任务实施过程进行点评（见表 4-2）。

表 4-2　任务实施评价

项目	评分标准	自我评价	组间评价	教师评价
任务完成过程（70分）	能够正确理解任务，并进行合理分工			
	能够根据任务资料，分析并制定任务目标			
	能够正确推算自己的睡眠周期，合理安排作息表			
	能够通过自主学习，完成学习目标			
	积极参与小组合作与交流，配合默契，互帮互助			
	能够利用信息化教学资源等完成工作页			
	能很好地展示活动成果			
学习效果（30分）	实施目标设定合理			
	达成预期知识与技能目标			
	达成预期素养目标			
合计				

自我评价与总结

教师评价

六、课后习题

（一）判断题

1. 深睡眠绝大多数处于后半夜，前半夜以浅睡眠为主。（ 　 ）

2. 睡眠时，血脑屏障通透性减弱，从而阻止有害物质进入大脑，起到保护中枢神经系统的作用。（ 　 ）

（二）简答题

1. 睡眠对于婴幼儿有哪些重要意义？

2. 人类不同年龄的睡眠时间有何区别？

任务 4.2 婴幼儿睡眠发育

一、任务情境

派派，4 个月大，妈妈向朋友抱怨道，她的孩子出生后的第 1 周睡得特别好，但是之后的睡眠模式好像被打乱了。最主要的是，派派的睡眠时间不稳定、难以预测。妈妈试图让派派在晚上保持清醒，这样爸爸在 20:00~20:30 下班回家后就能陪他玩耍了。但是每次，还没等爸爸到家，派派就会烦躁和哭闹。虽然派派有时显得很困，但妈妈还是尽量让他醒着，等爸爸回家。但每次派派都太累了，很难被安抚。

如何帮助派派妈妈解决这个问题？

二、任务目标

知识目标： 理解并掌握不同月龄婴幼儿睡眠发育的特点。

技能目标： 能根据不同月龄婴幼儿的睡眠需求，培养良好的睡眠习惯。

素养目标：（1）具有培养婴幼儿良好作息习惯的耐心和责任心。

（2）培养善于观察、善于发现问题，能够综合运用已学知识处理复杂多变的问题的能力。

三、知识储备

（一）婴幼儿睡眠发育

知识链接
胎动与睡眠

1. 胎儿期睡眠发育

胎儿在母体内是有自己的活动周期和睡眠周期的，目前认为胎儿一个睡眠周期是在半个小时左右。在进入孕晚期之后，胎儿的睡眠时间会越来越有规律。每天的早上 8~10 点和晚上 9~11 点这两个时间段分别是胎儿的活动时间，胎儿在这两个时间段里比较活跃，他会和爸爸妈妈捉迷藏、互动等。剩下的时间基本都是在睡觉，已经形成了自己的睡眠周期，胎宝宝每次可以睡 20~40 分钟，两次睡眠中间会醒过来，只是持续的时间不长，一般都在 5~15 分钟。

2. 新生儿期睡眠发育

新生儿睡眠需求大，每天 18~20 小时，每个睡眠周期约为 50 分钟，在一个睡眠周期中浅睡和深睡时间约各占一半。新生儿大多数时间是在睡觉，由一个睡眠周期进入另一个睡眠周期，每 2~4 小时醒来要吃奶，并睁开眼觉醒数分钟到 1 小时，昼夜节律尚未建立。新生儿对这个新奇的世界还不能立刻适应，经常出现黑白颠倒的情况。新生儿时期是视觉发展关键期，新生儿白天睡眠时，照护者应拉开窗帘，夜间应尽量关灯，让新生儿形成"白天就是白天，晚上就是晚上"的概念。

知识链接
婴儿睡眠
抖动正常吗？

新生儿睡眠时，还经常会出现"惊跳反射"。这是一种正常的生理现象，新生儿神经系统发育还不完善，当周围稍微有点光线变化或有响动时，会突然伸展手脚，出现不自主的抖动，然后把自己"吓醒"，这个时候可以给他包一个襁褓，一般都会很快好转。惊跳反射在婴儿出生后的第一个月内最常发生，会随着婴儿的增长逐步减少，在 3~5 个月时逐渐消失。

3. 1~3 月龄婴儿睡眠发育

正常情况下，1~3 月龄婴儿每天的睡眠时间约为 16 个小时。白天，婴儿需要睡 4~5 次，每次睡眠时长 2~3 小时，昼夜节律形成后婴儿白天的睡眠次数和时长都会明显减少。婴儿夜间应睡 10~11 小时。

知识链接
婴幼儿的
睡眠信号

婴儿在出生后 6 周，大脑松果体开始分泌褪黑素，发育到 3 个月左右，褪黑素分泌增多。褪黑素可以诱导婴儿入睡，又能使肠周围的平滑肌放松，同时具有体温调节、提高机体免疫力、维持血压和稳定血糖等功能。褪黑素的分泌是有昼夜节律的，一般在凌晨 2~3 点达到高峰，到黎明前褪黑素分泌量显著减少。褪黑素分泌水平的高低直接影响睡眠质量和睡眠模式。此外，婴幼儿生长发育所必需的生长激素约 80% 是在睡眠时呈脉冲式分泌，分泌高峰多是在夜间 10 点至凌晨一两点的深睡眠阶段。

2 月龄的婴儿由于肠胀气等影响，难以哄睡，可通过"飞机抱"、排气操等操作进行缓解。这个时候注意培养婴儿昼夜分明的作息规律，逐渐建立入睡前的固定行为模式，养成晚上定时入睡、白天按时小睡且自行入睡的睡眠模式。3 月龄时，婴儿"睡眠—觉醒"的生物钟节律基本形成，这个生物钟节律与外界环境和照护者的照顾密切相关。照护者如果没有及时抓住婴儿睡眠的时机，3 月龄会进入婴儿的"睡眠倒退期"，这一时期，很多婴儿睡眠哭闹并非由于饥饿或需要安抚，而是由于疲倦急于睡觉，因此，需要照护者有足够的敏锐性和耐心，逐步帮助这一阶段的婴儿建立良好的入睡模式。

当婴儿出现第一阶段睡眠信号时，立即将婴儿侧身，按住手臂，腿蜷缩，模拟在子宫里的姿势。照护者空心掌拍屁股，先快速拍，让婴儿从屁股到头部轻微晃动，等婴儿平静后放慢速度。配合"白噪音"，继续拍屁股，直到婴儿成功入睡。

4. 4~8 月龄婴儿睡眠发育

婴儿在 4~8 个月时，每天要保证睡眠时间在 14 小时左右，不过，具体的睡眠时间还是要根据婴儿的具体情况进行调整。

这个阶段的婴儿逐步建立规律的生物钟，白天遵循"吃—玩—睡—玩"的模式，白天一般睡三觉，包括晨觉、午觉和黄昏觉。在早上起床活动、喝奶后的 2 小时内会有短暂的疲劳，大概在 10 点之前，表现为注意力不集中、双目无神、打哈欠等，照护者应及时发现这一睡眠信号，及时哄睡，晨睡 45 分钟左右即可，过长则影响午睡时间。午睡时间应在 2 小时以上，一般在中午吃完辅食喝完奶后的一个小时左右，婴儿开始出现疲劳信号，应提前酝酿，固定睡前程序，逐渐形成规律。午觉不要超过下午 2 点，因为错过了婴儿最疲劳的时候，疲劳过度，很难安抚入睡。下午 4 点左右，又会有一个疲倦时间，照护者应随时捕捉这一睡眠信号，及时哄睡，黄昏觉时间不宜长，最多 45~50 分钟即可，超过一个小时再清醒，晚上很难早睡。如果到了下午 5 点还没开始黄昏觉，应忽略这个小觉，把夜觉提前，避免过度疲劳难以安抚。对于睡半小时就醒或抱睡放床就醒的婴儿，照护者不要在小睡结束后开始抱出去玩，应进行接觉。习惯性抱睡的不要灰心，抱睡着了之后，慢慢地、大胆地放床，要让婴儿知道并习惯，床才是睡觉的地方而不是怀抱。

晚上继续维持一致的"睡前程序"，例如洗澡、吃奶、绘本阅读、更换纸尿裤、入睡等。另外安抚婴儿自己入睡，保持房间黑暗和安静，确保他有足够的户外活动时间，并且白天能吃饱、吃好。

5. 9~12 月龄婴儿睡眠发育

9~12 个月的婴儿在白天的睡眠次数可能会逐渐减少，一整天的睡眠时间基本也是在 14 个小时左右，上午和下午会各睡 1~2 个小时。70%~80% 的婴儿 9 个月以后可以一夜安睡。睡眠时间过少，会影响婴儿身体发育；睡眠时间过长，会影响活动时间，使婴儿动作发展迟缓。

6. 12~36 月龄幼儿睡眠发育

12~36 月龄的幼儿每天平均睡 12~13 小时，夜间能一夜睡到天亮，白天觉醒时间长，大多数 1 岁左右的婴幼儿白天只睡一次，具体的睡眠时间，可以根据他们自己的睡眠节律而定，比如有些幼儿习惯在接近中午时和下午晚些时候各睡一觉。

这个年龄段的幼儿容易因玩得太兴奋而影响睡眠。有时候，他们进入了睡眠状态，脑子却还在活动；睡着了，还常磨牙、踢被、尿床等。这些都会影响幼儿的大脑和身体发育。因此，可以在睡前 1 小时洗个温水澡，放松全身；讲个小故事或放一些轻松、舒缓的音乐帮助入眠。

（二）培养婴幼儿良好的睡眠

影响婴幼儿睡眠的因素主要有生理因素、心理因素和环境因素等三方面。生理因素包括饥饿、湿疹、胃食管返流、肠胀气等；环境因素包括强烈的视觉、听觉和其他感官刺激带来的不适等；心理因素主要针对缺乏安全感、情感需求高的婴幼儿，照护者应该多点耐心、少点焦虑。

因此，培养婴幼儿良好的睡眠可以从以下几方面入手。

（1）排除生理性因素。拍嗝不够的婴幼儿可能会被胃胀气折磨醒；没趴够的婴幼儿可能会因肠胀气影响睡眠；缺乏维生素 D 的婴幼儿，常常表现出夜惊；患有湿疹的婴幼儿，晚间会发痒；等等。另外，睡前吃得太多或太少，白天过度兴奋、紧张、惊恐、焦虑和劳累等因素也会影响婴幼儿的睡眠。因此，培养良好的睡眠习惯需首先消除这些生理性因素。

（2）创设舒适的睡眠环境。选择安静的睡眠环境，避免噪声影响；注意保持婴幼儿的房间温度舒适，不要把婴幼儿放在空调、暖气的风口和打开的窗户旁；如果灯光太亮，会减少褪黑素分泌，使婴幼儿困意减少，不利于入睡；温度控制在 25℃，相对湿度控制在 60% 左右，避免过冷或过热；被褥要干净、舒适，与季节相符；冬季要有保暖设施，夏季须备防蚊用具；必要时睡觉可穿适宜的睡袋；选择一个软硬度适中的床；等等。

（3）及时捕捉睡眠信号。当第一阶段睡眠信号开始时，如活动减少、眼睛无神、揉眼、对周围事物不感兴趣时，就应该停止逗弄婴幼儿，使其提早进入睡前模式。

（4）建立固定的"睡前程序"。例如，每天晚上先给他一定的感官刺激（如洗澡），然后喂当天的最后一顿奶，再讲个简短的睡前故事（放松），最后更换纸尿裤，向婴幼儿传达"现在开始睡大觉"的信号。到了 2 岁，为了让婴幼儿获得控制感，照护者可以尽可能让他在睡前多做选择，比如选择穿哪件睡袋或者听哪个故事。

（5）培养适宜的睡眠姿势。在婴儿还未能掌握翻身这个技能前，也就是还不会从俯卧翻身成仰卧，或从仰卧翻身成俯卧前，应尽可能地仰卧（面部朝上平躺），因为这种睡姿对于这个阶段的婴儿来说是最安全的。一旦婴儿学会了翻身，就可以让他按自己选择的姿势睡觉。

（6）逐步训练自主入睡。婴儿出生后的前 4 个月里，如果婴儿睡眠时哭闹，解决睡眠哭闹的最好办法就是迅速回应，这么小的孩子是不会被宠坏的，应及时给予关注。回应婴儿的睡眠哭闹时，应首先满足他最迫切的需求，如果他又冷又饿，纸尿裤也湿透了，应该先给他保暖，再换纸尿裤，最后是喂奶。4 个月后，在婴儿还没有睡着的时候把他放在婴儿床上，这样他可以尝试着自己入睡。轻轻地将他放下，轻声对他说"晚安"，然后离开。可以在婴儿房安装个监控，随时关注婴儿的动态。如果婴儿只是翻身，可以观察一会，让他继续睡觉。如果婴儿哭闹，得察看他是否遇到什么麻烦，确保婴儿很舒适且没有生病，在确定没有生病后，还要检查下纸尿裤的情况，如果排尿或者排便，要及时更换，尽可能在微弱的灯光下迅速解决，离开时，适当安慰一下他，尤其在分离焦虑期，要告诉他，你就在不远处。随着时间的推移，逐渐减少夜间给婴儿的关注，如果照护者的做法始终如一，大多数婴儿在夜间将减少哭闹，并最终学会自己入睡。

四、任务实施

根据任务要求，设定合理的知识、技能与素养目标，完成实训活页（见表4-3）。

表4-3 任务实训活页

（一）实施任务：
欢欢，6个月，母乳喂养。白天每次小睡时间只有半小时，以奶睡、抱睡、摇睡为主，放床秒醒。黄昏觉从下午6点睡到晚上8点，起床玩到晚上11点多才能入睡。夜醒2~3次，早上6点准时醒。 任务：欢欢的这个年龄阶段的睡眠有什么特点？请写出解决步骤。
（二）确定组内角色及分工： 组长：　　　　　　　　　　　任务： 组员1：　　　　　　　　　　　任务： 组员2：　　　　　　　　　　　任务： 组员3：　　　　　　　　　　　任务：
（三）实施目标：
（四）实施步骤：

五、任务评价

分别从自我、组间、教师等角度对学生的任务实施过程进行点评（见表 4-4）。

表 4-4　任务实施评价

项目	评分标准	自我评价	组间评价	教师评价
任务完成过程（70分）	能够正确理解任务，并进行合理分工			
	能够根据任务资料，分析并制定任务目标			
	能够准确分析不同情境下婴幼儿的睡眠影响因素			
	能够根据不同月龄婴幼儿睡眠发育特点，培养良好的睡眠习惯			
	通过小组讨论与自学，利用信息化教学资源等完成工作页			
	能很好地展示活动成果			
	积极参与小组合作与交流，配合默契，互帮互助			
学习效果（30分）	实施目标设定合理			
	达成预期知识与技能目标			
	达成预期素养目标			
合计				

自我评价与总结

教师评价

六、课后习题

（一）选择题

1. 胎儿一个睡眠周期大约是在（　　　）。

A. 30 分钟　　　　　B. 10 分钟　　　　　C. 1 小时　　　　　D. 1.5 小时

2. 幼儿容易因玩得太兴奋而影响睡眠，照护者可以选择（　　　）。

A. 听舒缓的音乐　　　　　　　　B. 洗温水澡

C. 看电视　　　　　　　　　　　D. 讲小故事

（二）简答题

1. 对于学龄前阶段的婴幼儿，如何培养其良好的作息习惯？

2. 简述 1 岁以内婴儿睡眠发育规律。

任务 **4.3**　婴幼儿睡眠问题及照护要点

一、任务情境

派派 2 岁了，最近几天晚上睡觉，妈妈发现派派总是睡着睡着就开始大哭，两只小手在空中乱抓，睁着眼睛大声惊叫，满眼的恐惧，怎么哄都不行，大晚上这个样子，真的不知道如何是好。于是，派派妈妈求助了"妈妈群"，很多有经验的妈妈开始纷纷"献计"，以此来帮助派派妈妈摆脱困扰。乐乐妈妈说："孩子肯定是吓着了，我家孩子以前也出现过这样的古怪行为，大晚上的又哭又闹，最后我们安抚了孩子们很久，这才让孩子好了起来。"也有妈妈说，这是孩子白天受刺激了，晚上做噩梦才会这样。

请问派派是怎么了？如果你是"妈妈群"中的一员，你该如何帮助派派妈妈？

二、任务目标

知识目标：掌握婴幼儿不同睡眠问题的主要原因、主要表现及照护要点。

技能目标：能准确识别婴幼儿常见的睡眠问题，并进行科学、有效的干预。

素养目标：（1）在日常生活中养成善于发现、分析及解决问题的能力。

（2）在操作中关心、爱护婴幼儿，具有同理心。

三、知识储备

（一）夜惊现象与照护要点

夜惊是婴幼儿睡眠问题中常见的类型之一，主要是在夜间睡眠中反复发生的极端恐惧和恐慌的运动，伴随着强烈的语言运动和自主神经系统的高度兴奋。通常发生在 2~7 岁的婴幼儿身上。有 1%~6% 的婴幼儿会有这样的困扰，男女孩夜惊的比例各半，通常持续2~10 分钟，婴幼儿可再度安然恢复到深度睡眠，但有些婴幼儿一个晚上会发生好几次。

1. 夜惊的主要表现

婴幼儿夜惊症状较为统一，典型症状如下。

（1）发作突然。睡眠中突然出现紧张、害怕、吼叫和自言自语、幻听和神志不清等症状。

（2）自主神经系统兴奋。婴幼儿会出现如心率增快、呼吸急促、出汗、瞳孔扩大等症状。

（3）意识不清。照护者很难将婴幼儿叫醒，难以安抚，夜惊持续时间最长为45分钟，多数夜惊发作时间较短，夜惊后婴幼儿通常会躺倒继续睡觉，第二天也不记得发生过什么。

（4）一般发生在非快速眼动睡眠期。

2. 婴幼儿夜惊的主要原因

引起婴幼儿夜惊行为的原因主要从外因和内因两方面进行分析。具体如下。

（1）从外因来说，主要原因有物理环境刺激、生理性因素等。

物理环境刺激方面：如果婴幼儿在睡觉的情况下，出现了强光，或者传出了刺耳的声音，再或者捂得过多或衣服穿着不舒服或不正确的睡眠姿势，如手压迫前胸、俯卧、蒙头睡，这些外在环境都会影响婴幼儿的睡眠导致出现夜惊的现象。

生理因素方面：缺钙会导致婴幼儿的神经系统兴奋性值较高，而维生素D则会影响钙的吸收，所以缺乏这两种营养元素会导致婴幼儿出现睡觉盗汗、夜惊的情况。此外，如果婴幼儿伴有消化不良肠痉挛的症状时，也可能出现夜惊的情况。

（2）从内因来说，主要原因有受到惊吓或刺激、家庭环境不和谐等。

因为婴幼儿神经系统发育还不完善，所以很容易被一些外在的事物所影响，比如令人恐怖的画面、声音，或被某一种行为吓到等，这些都会让婴幼儿的神经处于高度紧张状态。夜间他们虽然睡着了，可是大脑还会飞速运转，回想白天发生的种种事情，一瞬间惊醒就会让他们害怕，从而出现那些令人匪夷所思的行为。

很多孩子所在的家庭并不幸福，爸爸妈妈三天两头地吵架，平时还会对婴幼儿大吼大叫，这些也会给孩子的内心造成严重的创伤。长期如此会对婴幼儿的大脑造成一定刺激，夜间常常会被这些负面情绪影响。

3. 婴幼儿夜惊的照护要点

面对婴幼儿夜惊，我们可以采取以下措施。

（1）对婴幼儿进行言语安抚或者抚摸，帮助婴幼儿平复情绪，快速睡眠。

（2）为婴幼儿营造安静、舒适的睡觉环境，减少外在因素对其身体的影响。

（3）养成婴幼儿良好作息习惯，保证睡眠充足。

（4）保持平和的情绪，在婴幼儿睡觉前，让婴幼儿保持放松的情绪。比如不要给婴幼儿讲惊险恐怖的故事或让他看此类的电视节目。尽量给婴幼儿听些轻松的音乐。

（5）不要让婴幼儿睡前过度兴奋或者过度劳累。如果白天婴幼儿玩得太累，可以泡个温水澡，做个抚触按摩。

（6）不要在婴幼儿面前大吵大闹，造成不良的心理负担。

（7）如果婴幼儿是由缺钙导致夜惊的，要及时去医院检查，选择适合的钙剂及时补充。另外要注意饮食多样、营养均衡。还可以多晒太阳，促进维生素D的合成。

需要注意的是，夜惊和惊跳是不一样的。惊跳一般发生在5个月以内的新生儿，主要是因为新生儿神经系统发育不完善，中枢神经受刺激容易引起兴奋。惊跳在五个月以内都属于正常，照护者不用太在意。夜惊被推测与深度睡眠期及快速眼动期不正常的切换有关，因为婴幼儿深度睡眠期及快速眼动期两者占夜晚睡眠的比例皆很长，大脑发育尚未成熟，所以很容易发生。家中有其他婴幼儿的话，要向其他婴幼儿解释清楚，不要神神道道的，盲目迷信，吓坏其他婴幼儿。

（二）梦魇现象与照护要点

梦魇俗称做噩梦，指婴幼儿从噩梦中惊醒，发出尖叫声或哭声，表情惊恐、心跳加速，常常能回忆恐怖的梦境而引起焦虑或恐惧发作。

1. 梦魇的主要表现

梦魇常发生在做梦比较多的后半夜，醒来会记得梦境。发生梦魇的婴幼儿常会有心跳、呼吸加速、冒汗等紧张的生理反应，和夜惊不同的是，做噩梦的婴幼儿会醒来，且清楚地记得可怕的梦境，所以婴幼儿可能会因很强烈的负面情绪难再入睡，或是因为害怕再做噩梦而抗拒入睡。梦魇在 3~5 岁的孩子身上发生概率高达 10%~50%，男女发生的概率类似。

2. 梦魇的主要原因

引起婴幼儿梦魇的原因主要从外因和内因两方面进行分析，具体如下。

（1）从外因来说，跟睡眠姿势、生理性因素等有关。被子盖住了嘴鼻，或把手压在胸部等都会引起梦魇。此外，身体不适，比如出现发热、饮食习惯不良，如晚餐过饱或饮食太少而呈饥饿状态也是诱发梦魇的原因之一。

（2）从内因来说，跟心理压力大等有关。睡前过度紧张、过度兴奋会导致婴幼儿睡眠变差。例如婴幼儿初次离开照护者在陌生环境中睡觉、各种内心冲突和焦虑情绪均可诱发梦魇，睡前听恐怖故事、看恐怖影视也是诱因之一。此外，家庭氛围紧张、专制型家庭教养方式下的幼儿也容易发生梦魇的现象。

3. 梦魇的照护要点

对于婴幼儿做噩梦的情况，照护者可以照样做：

（1）及时陪伴。首先做的应该是尽快来到婴幼儿的身边，抱住婴幼儿并安抚他的情绪，向婴幼儿保证你会陪在他身边，不会让任何东西伤害他。

（2）照护者的认同。倾听婴幼儿对梦的描述，认同婴幼儿的感受，表达出"我知道你被吓到了，你很害怕"，然后温柔地提醒婴幼儿噩梦不是真的，那些可怕的东西是不存在的。需要注意的是，如果婴幼儿在夜间醒来，切记不要过度追问细节。以免再次引起婴幼儿恐惧或害怕的情绪。

（3）保持平和稳定的情绪。平和的情绪可以让婴幼儿意识到"这不是那么害怕的事情"。这样可以帮助婴幼儿更快地平复情绪。如果婴幼儿是因为白天看到了什么可怕的场景，或者是有什么特定的压力（比如如厕训练、要上幼儿园、要搬家等）而晚上睡不安稳，照护者可以在白天的时候跟婴幼儿聊一聊这些问题，帮助其纾解压力，消除他们心中的恐惧。

4. 婴幼儿夜惊与梦魇的区别

婴幼儿夜惊与梦魇很难区别，表4-5罗列了它们之间的一些差别。

表4-5 婴幼儿夜惊与梦魇的区别

	夜惊	梦魇
表现和行为	在睡眠中尖叫、哭喊、激烈扭动；可能表现得激动、紧张、害怕	令人恐惧的梦；婴幼儿可能醒来，受到惊吓，哭闹
发生及持续时间	发生在深睡阶段，也就是非快速眼动睡眠期	后半夜，睡眠比较浅也就是快速眼动睡眠期
能否继续睡觉	大多数婴幼儿夜惊之后会可以马上重新熟睡	由于紧张，很难继续入睡
是否有印象	第二天并不会记得前一天晚上发生了什么	对梦有印象，会讨论所做的梦

资料来源：［美］马克·魏斯布鲁斯：《健康的睡眠，健康的孩子》，刘丹等译，广西科学技术出版社，2016年。

（三）婴幼儿睡眠打鼾现象与照护要点

婴幼儿睡眠打鼾一般是1~6岁婴幼儿常见的睡眠问题，多表现为晚上睡觉打呼噜、盗汗、易惊醒、尿床、长期鼻塞、张口呼吸、上气道阻塞并伴有低氧血症，而且每次感冒时，打呼噜、呼吸短暂停止的现象更为明显。

1. 婴幼儿打鼾的危害

婴幼儿打鼾主要有以下危害。

（1）降低颜值。据统计大约15%的鼾症患儿会伴随面部发育畸形，原因是婴幼儿睡觉打鼾会张嘴呼吸，长期张口呼吸会严重影响颌面骨发育，上颌骨变长，腭骨高拱，牙列不齐，上切牙突出，唇厚，也就是所谓的"腺样体面容"。

（2）导致身材矮。经常睡眠打鼾会严重影响婴幼儿的睡眠周期，进而导致深睡眠时生长激素的分泌减少，使身体矮小。

（3）影响智力发育。婴幼儿打鼾导致大脑细胞缺氧，造成脑细胞损伤，最先受损的就是婴幼儿的智力发育，会导致学习能力下降，并且会引起婴幼儿脾气差，注意力不集中，记忆力下降、易怒、多动等并发症。

（4）导致支气管炎。腺样体肥大会堵塞鼻腔，使得婴幼儿的鼻涕逆向咽部，刺激下呼吸道黏膜，长期刺激会容易导致婴幼儿支气管炎以及哮喘、扁桃体炎等疾病。

2. 婴幼儿打鼾的主要原因

婴幼儿打鼾和睡眠时气道的狭窄和塌陷有直接关系。呼吸时，气流要通过口、鼻、咽喉等部位进入气管，中间过程中哪一个地方气流不通畅，都可能发出声响。

婴幼儿打鼾的原因有很多，最常见就是扁桃体和腺样体肥大，其他原因还包括过敏性鼻炎、鼻窦炎、鼻息肉、鼻中隔偏曲以及肥胖、哮喘、不良睡姿等。

最常见的原因是腺样体肥大。腺样体位于鼻腔最后段、鼻咽顶部与后壁交界处，当腺样体堵塞住口咽及鼻咽部就会导致上呼吸道狭窄。孩子入睡时，呼吸气流经过狭窄的气道，冲击后鼻孔、悬雍垂及软腭等组织，产生振动，发出鼾声。

睡姿问题。有的婴幼儿喜欢仰卧睡，这样就会导致舌根后坠，造成咽腔狭窄，引起打鼾。另外，打鼾的婴幼儿普遍对于环境的刺激比较敏感，所以要创造良好的睡眠环境，避免外界刺激。

肥胖。婴幼儿口咽部脂肪垫增厚，因重力作用，睡眠时候喉头及舌后空间变窄，脂肪垫堆积加重了气道空间变窄，易引起打鼾。

3. 婴幼儿打鼾的照护要点

如果婴幼儿呼吸匀称，没有呼吸暂停，没有影响睡眠质量，这就是正常现象。如果婴幼儿长期鼻塞、睡眠打鼾超过三个月，可能得了小儿鼾症。婴幼儿打鼾的情况不一样，对策也不一样，需要具体问题具体分析。

（1）减肥。如果婴幼儿轻微打呼噜又比较胖，照护者需要想办法帮婴幼儿减肥，这样可以让口咽部的软肉消瘦点，呼吸也会变得顺畅。

（2）改变睡觉姿势。如果婴幼儿打呼噜并且喜欢仰着睡觉，照护者可以用枕头垫高婴幼儿头部，这样可以使舌头不过度后垂而阻挡呼吸通道，降低打鼾的概率。

（3）详细的身体检查。让医生详细检查小孩鼻腔、下巴骨部位、咽喉有无异常，或婴幼儿的神经或肌肉的功能有没有不正常的地方。

（4）手术治疗。如果婴幼儿属于腺样体肥大和扁桃体肥大，已经确诊为阻塞性睡眠呼吸暂停综合征的打鼾，若已经严重到呼吸情况了，就需要进行手术治疗了，这个方法能够明显改善孩子的睡眠质量。

如果婴幼儿是因为阻塞性睡眠呼吸暂停综合征引起打鼾，一定要引起重视。因为婴幼儿一旦出现呼吸暂停（憋气），可能会造成在睡眠过程中因为过度缺氧而猝死。

总之，婴幼儿如果出现了打鼾严重、呼吸不畅、张口呼吸的情况，应及时带婴幼儿到医院耳鼻喉专科就诊。

（四）遗尿现象与照护要点

遗尿也就是我们通常说的尿床，一般发生在婴幼儿生长发育期间，熟睡时不自主地排尿行为。一般而言，2 岁以前的婴幼儿很少能做到夜间控制排尿，约有 10% 的 3~5 岁婴幼儿偶有遗尿现象，多不属于病态。但如果在婴幼儿早期未养成良好的睡眠习惯，会出现遗尿现象，5 岁以后有可能仍不能自主控制排尿，在日间或夜间出现不自主排尿。

1. 遗尿的危害

遗尿的主要危害如下：

（1）影响婴幼儿的生长发育。长期尿床，患儿体内营养物质会出现缓慢流失，从而影响生长激素分泌以及钙吸收和合成酶的生成。

（2）影响婴幼儿大脑以及神经系统发育。婴幼儿遗尿症的出现主要是因为控制膀胱收缩功能的神经系统发育不完善，精神过于紧张、白天劳累过度等原因引起的，如果治疗不及时，长期影响婴幼儿的大脑神经系统，就可能会影响智力发育。

（3）影响婴幼儿的心理健康。遗尿症不仅会影响婴幼儿的身体健康，还会对婴幼儿的心理造成影响。遗尿症也会影响婴幼儿的心理健康，且尿床史越长，情况就越严重。时间长了他们会因为自己尿床而产生自卑、不安、胆怯的负面心理，最后可能会导致性格变得孤僻，而且容易引发暴躁的脾气。

2. 遗尿的主要原因

社会、家庭、环境、教育、幼儿生理心理状况等因素都可引起婴幼儿遗尿。主要原因如下。

（1）生理特点：婴幼儿膀胱容量较小，黏膜柔嫩，肌肉层及弹力纤维发育不良，储尿功能差。另外，中枢神经系统发育不完善，对排尿的控制能力差。

（2）父母养育方式：缺乏排尿方式及规范如厕的训练。婴幼儿过度依赖纸尿裤，想尿就尿，膀胱得不到锻炼，无法控制排尿。

（3）饮食与气候因素：婴幼儿年龄越小，新陈代谢越旺盛，需水量相对越大，如果摄入一些含糖分比较高的饮料和水果，排尿量会增加。另外，气温寒冷也容易导致排尿次数增多的现象。

（4）精神因素：婴幼儿白天玩耍过于疲劳；兴奋过度，强烈的精神刺激如受惊吓、心情焦虑、紧张不安；晚上睡觉前听恐怖故事均可能导致婴幼儿失去对排尿的主动控制，出现遗尿。

（5）病理因素：隐性脊柱裂，膀胱逼尿肌活跃，是导致婴幼儿遗尿的常见病理性因素，需要通过相应检查后才能被发现。

3. 纠正婴幼儿遗尿习惯

排尿是人体正常生理现象，1~3岁幼儿每日排尿500~600 mL，1岁时每日排尿5~16次，至学龄前和学龄期每日排尿6~7次。遗尿大多数发生在夜间熟睡时，严重时白天睡眠期间也可发生。若遗尿习惯得不到纠正会影响婴幼儿生长发育，针对遗尿及影响因素，提出以下照护措施。

（1）帮助婴幼儿养成良好的作息和卫生习惯，掌握尿床时间和规律，夜间用闹钟唤醒婴幼儿起床排尿，白天避免过度兴奋和剧烈运动，避免过度疲劳造成夜间睡眠过深。

（2）注意饮食：咖啡因有利尿作用，应避免进食巧克力、咖啡、奶茶等咖啡因含量高的食物。在睡觉前两个小时不要喝大量的水，也不要喝凉茶，要吃一些优质蛋白的食物，比如鸡肉、鸭肉等。

（3）做好婴幼儿的心理辅导，不要打骂、责罚婴幼儿，多鼓励，减轻他们的心理负担，逐渐纠正婴幼儿的自卑、焦虑等情绪，帮助婴幼儿树立信心。

四、任务实施

根据任务要求，设定合理的知识、技能与素养目标，完成实训活页（见表 4-6）。

表 4-6　任务实训活页

（一）实施任务：
丁丁，18 个月，最近睡眠时老发出呼噜声，妈妈觉得不太对劲，但爸爸觉得，这是因为丁丁白天玩得太累了，打呼噜是睡得香的表现。 花花，38 个月，某天晚上忽然从床上跳起，眼睛瞪得圆圆的，看上去好像受到了惊吓，指着前面大喊大叫着"不要！不要！"，哭闹得非常伤心。妈妈怎么叫都叫不醒花花，好在花花过 2 分钟就睡着了。第二天，花花好像失忆了一样，完全记不得昨晚发生了什么事。 任务：根据所学知识，判别以上婴幼儿分别存在哪些睡眠问题，并采取有效措施进行干预。
（二）确定组内角色及分工： 组长：　　　　　　　　　　　　　任务： 组员 1：　　　　　　　　　　　　任务： 组员 2：　　　　　　　　　　　　任务： 组员 3：　　　　　　　　　　　　任务：
（三）实施目标：
（四）实施步骤：

五、任务评价

分别从自我、组间、教师等角度对学生的任务实施过程进行点评（见表 4-7）。

表 4-7　任务实施评价

项目	评分标准	自我评价	组间评价	教师评价
任务完成过程（70分）	能够正确理解任务，并进行合理分工			
	能够根据任务资料，分析并制定任务目标			
	能够正确评估婴幼儿的睡眠问题，并对家长做出科学有效的指导			
	能够通过自主学习，完成学习目标			
	积极参与小组合作与交流，配合默契，互帮互助			
	能够利用信息化教学资源等完成工作页			
	能很好地展示活动成果			
学习效果（30分）	实施目标设定合理			
	达成预期知识与技能目标			
	达成预期素养目标			
合计				

自我评价与总结

教师评价

六、课后习题

（一）简答题

　　1. 婴幼儿常见的不良睡眠习惯有哪些？

　　2. 婴幼儿夜惊的影响因素有哪些？

（二）案例分析题

　　平平已经 6 岁了，即将结束幼儿园生活进入小学了，最近平平妈妈很是焦虑。经过询问，老师了解到原来平平妈妈担心孩子尿床的习惯。最近，妈妈总是训斥平平，他已经长大了，不能再尿床了，可是这样做还是解决不了孩子尿床的问题，于是妈妈在平平每次尿床后，就把床单和被褥挂在显眼的地方，以此对他进行刺激，施加压力，希望能够矫正他的坏习惯。可是还是没用。妈妈又着急又生气。

　　你是如何看待这个问题的？怎样帮助平平纠正尿床的习惯？

项目 5

婴幼儿出行照护

为了婴幼儿的健康成长，我们鼓励照护者多带婴幼儿到户外去接触大自然，呼吸新鲜空气。但是，与居家不同的是，出行的环境缺乏预知性和可控性，可能会面临诸多的风险，如何做好出行前的准备，如何避免出行中的危险？我们从以下几点来进行了解。

任务 5.1 包裹婴儿

一、任务情景

宽宽，已经 6 个月大了，可是，任凭父母再怎么悉心照料，宽宽长势都不见好，吃奶也不如邻居家的宝宝，爸爸妈妈很担心，打算带宽宽去咨询医生。医生见到宽宽裹得紧紧的"蜡烛包"，就对宽宽爸妈说，不能把孩子包成这样。款款父母惊讶道："裹蜡烛包的习俗是祖祖辈辈流传下来的，难道不对吗？"

请问裹蜡烛包的习俗有何不妥？应该如何正确包裹婴儿？

二、任务目标

知识目标：（1）熟知"蜡烛包"的危害。
（2）掌握正确包裹婴儿的意义。
技能目标： 能正确包裹婴儿。
素养目标： 培育求真进取的科学精神，将职业道德、责任与担当植入心中。

三、知识储备

（一）"蜡烛包"的危害

民间有个传统习惯，把刚出生的婴儿双臂紧贴躯干，把双腿拉直，用布、毯子或棉布进行包裹并在外用袋子扎紧，以此来避免罗圈儿腿的出现，这种包裹方法被称为"蜡烛包"。虽然"蜡烛包"有助于保暖，抱起来也方便，但是，"蜡烛包"会给婴幼儿的生长发育带来一系列不良影响。

（1）影响婴幼儿的发育。腿长得直不直，与骨骼发育有关，比如佝偻病导致的骨骼改变可能导致 X 形腿或 O 形腿。包"蜡烛包"将腿捆直就能让腿长直的说法，没有依据。婴幼儿四肢屈曲的姿势是神经系统发育不成熟的反映，不必人为地去矫正。随着年龄的增长，四肢会自然地伸直，更不会出现四肢的畸形。若是将婴幼儿的腿绑直后再包"蜡烛包"，会对髋关节发育产生不利影响，易造成"髋关节发育不良"，诱发髋关节脱位。婴儿刚出生时，髋关节发育尚不成熟，双下肢的自然状态像青蛙腿一样，外展外旋，这样的姿势使股骨头正好处于髋臼的中心，不容易发生髋关节脱位。但如果将婴儿的腿绷直，股骨头的位置就会偏离髋臼中心，增加髋关节发育不良的风险。

（2）影响婴幼儿的呼吸。过紧的"蜡烛包"会限制婴幼儿的呼吸，尤其在哭泣时，肺的扩张受到限制，影响胸廓和肺的发育。

（3）限制婴幼儿的活动。包了"蜡烛包"的婴幼儿，虽然安静了，但是因为活动少，胃口也小了，时间久了婴幼儿的生长发育也会受到限制。

小专栏：实践探究

提升科学素养，培育求真进取精神

育儿过程中常出现一些"经验之谈"，作为婴幼儿照护者，我们应提升科学素养，不听信所谓的"传统"或"习俗"，抱着严谨治学、求真务实的态度，认真学习各种婴幼儿照护知识，为实训实践打下坚实的知识基础。例如总有不少照护者生怕宝宝饿到了容易营养不良，就算在夜里也会主动叫醒宝宝起来喝奶，其实，特别是月子里的宝宝，都是吃了睡、睡了吃的，宝宝饿了自然会醒来的。频繁地叫醒宝宝起来喝奶，干扰宝宝睡觉，容易打乱宝宝的睡眠规律，反而不利于宝宝发育。还有，照护者嚼碎了食物喂婴幼儿。其实，大人口腔带有很多病菌，宝宝抵抗力弱，很容易将病菌传染给宝宝，被咀嚼后的食物，色、味、香都被破坏了，会让宝宝对食物失去兴趣，也剥夺了宝宝锻炼咀嚼食物的机会，影响宝宝口腔消化液分泌功能。诸如此类，都需要照护者加强对科学素养与生命意识的教育，明确科学育儿的重要性，避免因处理不当而导致病情延误甚至威胁婴幼儿生命。

（二）正确包裹婴儿

1. 准备工作

（1）环境准备：室温调节到 26℃左右，同时关好门窗。

（2）物品准备：平稳安全的操作台、包被。

（3）照护者个人准备：剪指甲、去首饰、七步法洗手并温暖双手、戴上口罩。

微课
包裹婴儿

2. 操作流程

（1）在操作台上铺好包被，包被呈菱形放置，最上角向外折，如图 5-1（a）所示。

（2）用托抱式将婴儿仰面放在包被上，婴儿的双肩与包被的最上缘齐平。

（3）包被的一侧回折包住婴儿，拉平后被角压在婴儿的对侧身下，如图 5-1（b）所示。

（4）婴儿脚下边留出照护者一手掌的距离，包被的最下角向上对折，如图 5-1（c）所示。

（5）包被的另一侧再折回包住婴儿的身体，拉平后被角压在婴儿的对侧身下，如图 5-1（d）所示。

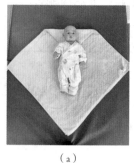

（a）　　　　　　（b）　　　　　　（c）　　　　　　（d）

图 5-1　正确使用包被

注意事项：包被松紧适宜，胸廓位置能放进照护者的一手为宜，婴儿脚下可以自由活动。

（三）外出包裹婴儿的作用

1. 带给婴儿安全感

胎儿在母亲体内时，都是蜷缩在肚子里的，周围都有羊水。出生后，周围什么东西都没有了，婴儿会觉得没有安全感。用包裹的方式可以带给婴儿最初的安全感。

2. 保护婴儿免受惊吓

睡眠对婴儿的健康非常重要，婴儿出生后，神经系统发育不完善，一旦受到任何外来声音或者动摇的刺激，身体就会发生反应，严重的还会受到惊吓，从而影响到睡眠。包裹可以缓解婴儿因外来刺激带来的反应，提高婴儿外出时的睡眠质量。

3. 方便照护者安全抱起婴儿

婴儿的身体非常柔软，脖子的力量较弱，如果不包裹，很多新手家长在外出时会无所适从，不知如何托抱婴儿。特别是喂奶的时候，非常不方便。

4. 婴儿保暖效果好

婴儿皮下脂肪少，易丢失热量，尤其睡眠时仰卧，四肢分开，裸露面积大，散热增加，正确包裹可以让婴儿在一个暖和的环境中沉睡，增加婴儿的安全感。注意在合适温度的室内是没有必要包裹的，只要给婴儿穿上厚薄相宜的合体衣服即可。

知识链接
婴幼儿保暖

四、任务实施

根据任务要求，设定合理的知识、技能与素养目标，完成实训活页（见表 5-1）。

表 5-1　任务实训活页

（一）实施任务： 根据所学知识，讨论宽宽父母的做法有何不妥？如何正确包裹婴幼儿？请写出操作步骤。
（二）确定组内角色及分工： 组长：　　　　　　　　　　　　任务： 组长 1：　　　　　　　　　　　任务： 组长 2：　　　　　　　　　　　任务： 组长 3：　　　　　　　　　　　任务：
（三）实施目标：
（四）实施步骤：

五、任务评价

分别从自我、组间、教师等角度对学生的任务实施过程进行点评（见表5-2）。

表5-2　任务实施评价

项目	评分标准	自我评价	组间评价	教师评价
任务完成过程（70分）	能够正确理解任务，并进行合理分工			
	能够根据任务资料，分析并制定任务目标			
	能够正确包裹婴儿			
	能够通过自主学习，完成学习目标			
	积极参与小组合作与交流，配合默契，互帮互助			
	能够利用信息化教学资源等完成工作页			
	能很好地展示活动成果			
学习效果（30分）	实施目标设定合理			
	达成预期知识与技能目标			
	达成预期素养目标			
合计				
自我评价与总结				
教师评价				

六、课后习题

（一）选择题

1. 以下不属于包裹婴儿作用的是（　　　）。

　　A. 提高睡眠质量　　　　　　　　　B. 避免 O 形腿的出行

　　C. 保温保暖　　　　　　　　　　　D. 有利于照护者抱起

2. 婴儿关键部位的保暖不包括（　　　）。

　　A. 后背　　　　　B. 头部　　　　　C. 腹部　　　　　D. 脚部

3. 包裹婴儿的准备工作不包括（　　　）。

　　A. 环境准备　　　　B. 照护者准备　　　C. 物品准备　　　D. 出行准备

（二）判断题

1. 在温暖的房间里，也要把婴儿包裹起来。（　　　）

2. "蜡烛包"有利于避免 O 形腿的出现，是正确的包裹婴儿的方法。（　　　）

（三）简答题

1. 为什么要包裹婴儿？

2. 如何正确包裹婴儿？

（四）案例分析题

　　安安即将 100 天，家里亲戚朋友计划前来祝贺，安安父母安排了"百日宴"宴请、感谢各位亲朋好友，安安妈妈打算把安安包裹起来，并用布绳扎紧，参加"百日宴"。

　　安安妈妈的做法对吗？安安妈妈应该注意些什么？

任务 5.2 婴幼儿出行准备

一、任务情境

陶陶，17个月，已断奶，陶陶妈妈想把家里的团建活动——旅游重新安排起来。但每次出门都如临大敌，回回都和打仗一样，陶陶妈妈因为过度焦虑，有时还会和老公发生争执。

帮助陶陶妈妈做好出行准备，轻松应对旅行前的焦虑情绪。

二、任务目标

知识目标：（1）掌握不同月龄婴幼儿出行准备用品。

（2）掌握不同月龄婴幼儿抱行方式。

（3）掌握不同月龄婴幼儿出行注意事项。

技能目标：（1）能正确准备不同月龄婴幼儿出行用品。

（2）能正确抱行不同月龄婴幼儿。

素养目标：婴幼儿出行准备工作十分烦琐，在操作中培养学生持之以恒的爱心、细心、耐心和同理心。

三、知识储备

（一）婴幼儿出行物品准备

婴幼儿的出行物品最好分开打包，这样可以以最快的速度找到它们，而且可以确保不落下重要的物品。为了使婴幼儿更快地适应新环境，可以带一些婴幼儿熟悉的物品，比如给他洗澡的时候，使用他常用的沐浴液和毛巾等，这些都可以让他更加安心和自在。

1. 生活物品

1）出行前衣物准备

衣服：照护者要根据季节和温度的变化给婴幼儿选择薄厚适宜的衣服，要选择简单、宽松、质地柔软、易穿脱、不影响活动的棉质内衣。至少准备两套内衣，一套内衣以便尿湿后或者出汗后能迅速更换；另一套备用，防止婴幼儿不小心弄湿或弄脏时更换。

鞋袜：选择具有透气性和吸汗功能、高过脚面并留有 0.6 cm 空隙的鞋子。婴幼儿学步期间，鞋底的软硬要合适，袜子则选择纯棉材质、袜筒宽松、做工质地良好、无线头的棉袜。

2）随行物品准备

洗护用品：口水巾、毛巾、洗发沐浴液、护肤乳等，婴幼儿的皮肤稚嫩，冬天外出时可准备润肤油，夏天可使用防晒霜。

生活辅助用品：纸巾、湿巾、棉柔巾、指甲剪、常用的药品（如退烧药、创可贴、湿疹膏、维生素 D 等）以及婴幼儿的玩具和书籍等；同时还需要准备防蚊液，刚学会走路的婴幼儿还可以准备学步带或者护膝。如果婴幼儿还在吃母乳，可以准备一块哺乳巾，或者找空中乘务员或列车员要一张毯子来遮挡。

2. 饮食

如果婴幼儿是吃母乳的，出门会简单得多，妈妈跟着就行。如果是喂奶粉，可准备足够的 40~50℃ 的恒温水，便于冲泡奶粉。如果吃辅食了，需要准备一些现成的辅食、饮水杯、辅食餐具、防水围兜等，以保证婴幼儿出行能够正常使用。

3. 大小便

如果婴幼儿还不能自主如厕，则需要准备纸尿裤或拉拉裤、隔尿垫、护臀膏、棉签、婴幼儿湿巾。出门的时候可以多备几片纸尿裤或拉拉裤，换下纸尿裤后用婴儿湿巾清洁婴幼儿的臀部，有尿布疹的涂上护臀霜。可携带密封的塑料袋，便于装脏纸尿裤和脏衣服等。如果婴幼儿正处于自主如厕阶段，需要带上婴幼儿常用的坐便器，否则，婴幼儿可能拒绝大小便。

4. 出行工具

带婴幼儿出门前，先了解一下当日的天气、温度，并根据目的地的具体情况，选择合适的交通工具。无论选择什么样的交通工具，都应该以婴幼儿的安全为前提。外出时婴幼儿大部分的时间都被背着、抱着或坐在婴儿车上，所以一定要携带婴儿背带、婴儿推车等作为婴幼儿的交通工具。不管路途远近，尽可能备齐物品，以便不时之需。

（1）背、抱：小月龄的婴幼儿多以背、抱为主，可以选择婴儿背带，这样可以腾出双手，做一些简单的活动和操作。

（2）推车：准备坐躺两用的婴幼儿推车。

（3）乘车：不要在人多拥挤的时候乘坐公交车，这样可能会挤到婴幼儿，而且车厢内空气不流通、环境嘈杂，会使婴幼儿感到不安甚至哭闹。注意安全乘车，如果是私家车还需要备有婴幼儿安全座椅。

（4）乘坐飞机：乘坐飞机的时候，飞机上气压的快速变化可能导致婴儿感觉耳朵不舒服。婴儿无法像成年人一样通过有意张嘴等动作来缓解耳部的不适，但可以通过吮吸乳头或者奶嘴缓解不适。为减轻婴幼儿耳部的不适，可以在飞机起飞和降落时给他喂奶。

（二）不同月龄婴幼儿抱行方式

小月龄婴幼儿出行时，需要抱行，照护者在抱行婴幼儿时需要注意姿势正确，因为婴幼儿脊柱的韧带、神经发育有一定的顺序。正常的成年人脊柱有 4 个生理弯曲。婴儿出生后的前 3 个月内脊柱是直的，颈部短，头肩几乎同宽。3 个月后婴儿会抬头了，颈部增长，肩部增宽，脊柱开始出现第一个生理弯曲。6 个月后婴儿会坐了，脊柱开始出现第二个生理弯曲。1 岁后的婴幼儿会站和走了，脊柱开始出现第三个生理弯曲。

图 5-2 为摇篮式横抱，适合新生儿或 3 个月内的婴儿，摇篮式横抱需要照护者一只手托住婴儿的头、肩、颈沿背部滑到腰外侧，握住婴儿外侧大腿，婴儿头枕在臂弯里，另一只手托住婴儿的腰部和臀部。

图 5-3 为飞机抱，适合安抚哭闹、喝奶后胀气或有肠绞痛的婴儿，飞机抱需要照护者一只手扶住婴儿的背帮助固定，可以空心掌轻拍或按摩其背部，婴儿趴在照护者另一只手前臂上。

图 5-4 为橄榄球式横抱，适合婴儿洗头洗澡时使用。橄榄球式横抱需要照护者将婴儿身体夹在一侧腋下，一只手托头，手臂支撑婴儿的背部、肘部，固定婴儿的臂部，另一只手托着婴儿的头部颈部，贴近照护者腰部或胸前。

图 5-5 为靠肩式竖抱，适合婴儿拍嗝，3 个月以上的婴儿使用。靠肩式竖抱需要照护者身体向后仰，让婴儿紧贴前胸和肩部，一只手托住婴儿臀腰部，另一只手护着婴儿头颈肩部。

图 5-6 为托抱，适合短距离移动婴幼儿，面对面交流互动时使用。托抱时需要照护者一只手托住婴幼儿的头、颈、肩，另一只手托住婴幼儿臀部，婴幼儿头高脚低位。

图 5-7 为依偎式贴胸抱，这是最有安全感的抱姿。照护者将婴幼儿头靠在胸前或肩膀下方，一只手臂托住婴幼儿颈背部，另一手臂托住婴幼儿臀部，头部侧向一边，不要堵住口鼻。

图 5-8 为坐立抱，适合 3 月龄后，外出时使用。坐立抱时需要让婴幼儿坐在照护者前臂上，同时托住他的臀部，另一只手挽住婴幼儿胸部。

图 5-9 为侧骑跨式竖抱，适合 7 月龄后，外出时使用。侧骑跨式竖抱需要照护者侧抱

图 5-2 摇篮式横抱

图 5-3 飞机抱

图 5-4 橄榄球式横抱

图 5-5 靠肩式竖抱

婴幼儿，架在双腿髋关节处，一只手臂托住婴幼儿腰臀部，顺势用手抓住婴幼儿大腿。无论选择哪种出行方式，动作都要轻柔，让婴幼儿有安全感。

图 5-6　托抱　　　　图 5-7　依偎式贴胸抱　　　图 5-8　坐立抱　　　图 5-9　侧骑跨式竖抱

（三）不同月龄婴幼儿出行的注意要点

1. 6 月龄内的婴儿

如果婴儿是母乳喂养，可以不带奶粉、奶瓶、水杯，但是要为母亲多准备一些水，因为喂奶、旅行都会消耗水分。如果婴儿是用配方奶喂养的，就需要带足奶粉和奶瓶，奶粉应该置于专用存放盒里保存。必须使用煮沸、放凉至适宜温度的水冲泡奶粉，避免婴儿饮用不洁净的饮用水。这个阶段的婴儿还在照护者的怀抱中，旅途中要注意选择安全的交通工具。

2. 6~12 月龄的婴儿

需要准备些婴儿爱吃的小零食、小点心、水果等，可以给婴儿解馋、垫饥。当婴儿已经会爬和扶着走了，要注意看护，防止跌倒。

3. 12~24 月龄的幼儿

该年龄阶段的幼儿进餐的时间已经能和照护者基本一致，要为他挑选合适的食品和两餐之间的点心，需要注意食品的卫生。当幼儿对陌生环境不太适应时，可能会烦躁不安。照护者应给幼儿准备一些熟悉的玩具、物品等，让幼儿转移注意力。

尽量让幼儿在外的作息时间和在家时一致，行程安排应轻松悠闲，保证幼儿有充裕的睡眠时间。这个年龄的幼儿已经会很好地独自行走，活泼好动，凡事喜欢自己来，可能会自己走出照护者的视线范围，是照护者最需要注意的。

4. 24~36 月龄的幼儿

这个年龄的幼儿外出时最重要的就是保证安全。虽然不必时时刻刻看着幼儿，但是出游的时候一定要保证有一个照护者能够看着他，保证他不走出视线。在幼儿玩耍前，要检查公园或小区内户外器械的安全性，查看这些器械是否装配牢固，螺钉、螺母是否拧紧，保证不会摇晃或断裂。不要让幼儿接触尖锐的器械，避免刺伤或刮伤。

四、任务实施

根据任务要求，设定合理的知识、技能与素养目标，完成实训活页（见表 5-3）。

表 5-3　任务实训活页

（一）实施任务： 根据所学知识，为陶陶准备出行物品。
（二）确定组内角色及分工： 组长：　　　　　　　　　　　　　　　任务： 组长 1：　　　　　　　　　　　　　　任务： 组长 2：　　　　　　　　　　　　　　任务： 组长 3：　　　　　　　　　　　　　　任务：
（三）实施目标：
（四）实施步骤：

五、任务评价

分别从自我、组间、教师等角度对学生的任务实施过程进行点评（见表 5-4）。

表 5-4　任务实施评价

项目	评分标准	自我评价	组间评价	教师评价
任务完成过程（70 分）	能够正确理解任务，并进行合理分工			
	能够根据任务资料，分析并制定任务目标			
	能够为陶陶准备出行物品			
	能够通过自主学习，完成学习目标			
	积极参与小组合作与交流，配合默契，互帮互助			
	能够利用信息化教学资源等完成工作页			
	能很好地展示活动成果			
学习效果（30 分）	实施目标设定合理			
	达成预期知识与技能目标			
	达成预期素养目标			
合计				

自我评价与
　总结

教师评价

六、课后习题

（一）选择题

1. 以下不属于婴幼儿出行生活用品准备的是（　　　）。

　　A. 外套　　　　　　B. 抱被　　　　　　C. 饮食　　　　　　D. 玩具

2. 以下不属于婴幼儿出行准备的是（　　　）。

　　A. 生活用品准备　　B. 饮食　　　　　　C. 出行工具　　　　D. 宝宝座椅

（二）判断题

1. 8 个月的婴儿出行，关于饮食准备，只要妈妈跟着就行。（　　　）

2. 不可以把婴幼儿交给陌生人看管。（　　　）

3. 根据婴儿的大小、季节和旅行地的环境选择婴儿推车或婴儿背袋。（　　　）

（三）简答题

1. 有哪些婴幼儿抱行的方式？

2. 不同月龄婴幼儿出行的注意要点有哪些？

（四）案例分析题

亮亮已经 2 岁了，日常作息主要由妈妈打理。由于爷爷奶奶年龄大了，在农村老家生活，对亮亮的照顾也帮不上什么忙，爸爸忙于工作，家里家外都由妈妈独自面对。

如果妈妈要去商场购物，要做哪些出行准备（准备尽量充足）？如果妈妈要一手拿购物袋，一手抱孩子，她可以选择哪种抱行方式？

任务 5.3 婴幼儿安全座椅、推车的使用

一、任务情境

周末的天气非常好，阳光明媚，爸爸带着 2 岁的闹闹坐车到海洋公园玩，闹闹一想到要去海洋公园游玩可高兴了，一路在车上动个不停，一会把手和头伸向窗外，一会儿反向跪坐在车上，显得很兴奋，这时一辆车开过来，把闹闹吓了一跳，赶紧把头伸进车里，不一会，闹闹又转过身，跪在椅子上玩，一个急刹车闹闹差点摔倒。

请问：闹闹刚才在车上做了什么事情，你觉得他做得对不对？为什么觉得他做得不对？如果是你，你会怎么做？

二、任务目标

知识目标：（1）掌握婴幼儿脊椎发育特点。
（2）掌握婴幼儿安全座椅和推车的使用注意事项。

技能目标：（1）能正确选择婴幼儿安全座椅和推车。
（2）能正确培养婴幼儿乘坐安全座椅的习惯。

素养目标： 深刻地理解生命的意义，学会尊重生命、珍爱生命、敬畏生命，从而理解婴幼儿安全照护的重要意义。

三、知识储备

（一）婴幼儿脊椎发育特点

刚出生的时候，婴儿处于弯曲状态，蜷缩着，脊柱呈自然的长 C 形（凸）曲线，并不是 S 形曲线。随着婴儿的生长发育，脊柱会逐渐出现 3 个生理弯曲（见图 5-10），即：2~3 个月左右婴儿能够抬头，出现第一个生理弯曲——颈部脊柱前凸；6 个月左右会独坐，出现第二个生理弯曲——胸部脊柱后凸；12~16 个月时能走路，脊柱形成第三个生理弯曲——腰部脊柱前凸。虽说婴幼儿 1 岁左右就会形成这 3 个弯曲，但是只有到了 6、7 岁

时，脊柱弯曲才会彻底固定下来。

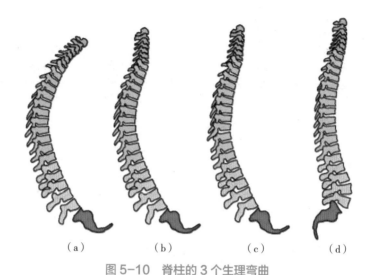

图 5-10　脊柱的 3 个生理弯曲

（a）婴儿刚出生时；（b）第一个生理弯曲；（c）第二个生理弯曲；（d）第三个生理弯曲

（二）婴幼儿安全座椅的选择

1. 选择安全座椅的原因

选择私家车外出时，不能简单地将婴幼儿安排在普通成人座椅上，尤其是副驾驶座上，因为车辆内的安全带都是按照成人设计的，仅适用于身高 140 cm、体重 36 kg 以上的儿童。更不能简单将婴幼儿抱在怀里，因为即使是只有 10 kg 的婴儿，在 40 km/h 的时速下发生交通事故，也能产生体重 30 倍的力，也就是 300 kg，没有人可以靠臂力阻止悲剧发生。交通事故中，0~6 岁婴幼儿是事故伤亡的重灾区。这个年龄段的孩子，身体发育不完全，脆弱的骨骼使他们根本无法招架发生碰撞时的冲击力。

知识链接
婴幼儿乘坐
安全座椅的
相关知识

一般来说，新生儿头部占身长的 1/4，头部重量接近体重的 50%，且头部十分脆弱，需要倍加呵护。从婴幼儿身体在事故中的伤害占比中，头部占比达到 25%，常见的表现是头骨骨折，另一种则是脑震荡。而在事故中，头骨骨折的 80% 都伴有脑震荡，安全座椅最重要功能之一就是去保护婴幼儿的头部安全。根据美国高速公路安全管理局（NHTSA）的统计，使用安全座椅可以将冲撞意外事故中婴幼儿的死亡率降低 71%。根据交通事故数据统计：汽车未安装安全座椅的婴童致死率比安装安全座椅的要高出 8 倍，受伤率为 3 倍。因此，安全座椅是目前保护婴幼儿乘车安全的有效安全设备。

2. 不同月龄婴幼儿安全座椅的选择

婴幼儿在不同的年龄段，因为发育情况不同，安全座椅的选择也不一样。照护者应根据婴幼儿的生理特点来选择合适的安全座椅，让婴幼儿坐得舒心，出行安全更有保障。根据婴幼儿身高体重的不同，可将安全座椅分为车载安全提篮、新生系安全座椅和成长系安全座椅。

车载安全提篮（见图 5-11）适合 0~9 个月（0~9 kg）的婴儿，9 个月之前的一定要反向安装，汽车在行驶的过程中如果急刹车，座椅反向安装会更好地保护婴儿颈椎的发育，9 个月之前的婴儿喜欢睡觉，能躺下来的座椅是非常需要的。

新生系安全座椅（见图 5-12）适合 0~4 岁（0~18 kg）或 0~6 岁（0~25 kg）的婴幼儿。成长系安全座椅（见图 5-13）适合 9 个月 ~12 岁（9~36 kg）的儿童。但是 0~4 岁的安全座椅，婴幼儿能使用到 3、4 岁时，就需要继续更换 0~7 岁或者 0~12 岁、9 个月 ~12 岁的安全座椅，因为 4 岁左右的婴幼儿，很大概率还不能直接使用"增高垫 + 汽车安全带"。

不管使用什么类型的安全座椅，2 岁以前，都尽量使用后向安装的方式，而且 0~4 岁的婴幼儿都应使用五点式安全带固定。五点式安全带固定源自赛车安全带，是通过肩部两个点，腰部两个点，裆部 1 个点，腹部一个卡扣扣住安全带，5 个点将婴幼儿固定到安全座椅上，是安全座椅领域主流的固定方式。

图 5-11　车载安全提篮　　图 5-12　新生系安全座椅　　图 5-13　成长系安全座椅

3. 培养婴幼儿乘坐安全座椅的习惯

日常生活中，尽管照护者一直强调安全座椅的重要性，但很多婴幼儿不喜欢安全座椅，最主要的原因是婴幼儿天生喜欢探索、活泼好动，不喜欢受到束缚，狭窄的安全座椅让婴幼儿不舒服。所以让婴幼儿接受安全座椅的第一步是让他们喜欢上安全座椅。

0~9 月龄时，让婴儿坐得舒服、选对出行时机很重要。当婴儿坐在安全座椅上时，两侧垫上浴巾，以免他低头垂肩地缩在安全座椅中。要尽可能地让他感到舒适。浴巾不能放在婴儿的身体下面或者夹在婴儿和安全带之间。如有需要，在裆部安全带下方垫一条卷起来的尿布或者浴巾，避免婴儿的下半身向前滑动过多。如果婴儿的头部一直向前倾，检查一遍安全座椅的后倾角度否合适。遵照使用说明书里关于如何调节到合适倾斜度的指示。如果是远行，出行时机就很重要。结合婴儿的睡眠作息规律，早餐后或午餐后出行，是一个不错的选择。饱餐一顿的婴儿心情好，对安全座椅接受程度高。餐后半小时胃部血液循环加快，容易困乏，这种情况下的婴儿，摇摇晃晃，唱几首歌讲个故事就能睡着。

10~24 月龄时，可以转移婴幼儿的注意力。这个阶段的婴幼儿喜欢攀爬，会拼命地想从安全座椅中出来，这是非常正常的现象。照护者在出门前可以让婴幼儿自己挑选喜爱的玩具或者绘本，旅途中每隔一段时间给他换一个娱乐项目。长途出行时，照护者每隔 3 个小时可以停靠服务区下车活动一会儿，让婴幼儿从安全座椅上解放一会儿。

25~36 月龄时，可以通过讲道理的方式让幼儿待在安全座椅上。每次幼儿试图从安全座椅上下来，照护者需要平静而坚定地告诉他，只要汽车在行驶，他就必须待在安全座椅中，让他知道除非每个人都系好了安全带，否则绝不开车。也可以跟幼儿讨论他通过车窗看到的事物，使乘车过程变成一个学习的过程。鼓励幼儿给他的毛绒玩具或洋娃娃系上安全带，并告诉他玩具带上安全带后更安全。与安全座椅有关的动画片也对婴幼儿接受安全座椅很有帮助，比如宝宝巴士的 JOJO。

3~6 岁时，照护者可以跟幼儿讨论安全问题，告诉他注意安全是成熟的行为。当他自系上安全带的时候，记得及时表扬他。也可以通过建议孩子扮演一些角色（比如航天员、飞行员或者赛车手等），鼓励他使用汽车安全座椅。

需要注意的是，乘坐安全座椅的习惯一旦开始培养，不要轻易放松，每一次都要坚持。

知识链接
使用婴幼儿
推车的
注意事项

（三）婴幼儿推车选择

选择婴幼儿推车时需要注意推车的功能、材料、质地等，最主要的是要根据不同年龄选择不同的推车。一般而言，婴幼儿推车可分为功能型和轻便型。

功能型推车通常重量在 10~12 kg，适合 0~3 岁婴幼儿使用。高大稳重，坐乘舒适性很好，可坐可躺，功能丰富，自然重量也就沉。从外观看，功能型婴幼儿推车车骨架比较粗壮，前后轮大小不太一样，尤其是后轮尺寸通常会比较大。根据婴幼儿脊椎发育特点，不建议给 6 月龄以内的婴儿坐推车，因为 6 个月内的婴儿骨骼柔软，背部肌肉也缺乏力量，支撑不住身体的重量，如果长时间坐婴儿车，不仅可能驼背或脊柱侧弯，还会影响内脏器官发育。如果要用推车，建议使用功能型婴幼儿推车（见图 5-14）。但婴幼儿大一点后出远门，公共交通、外出旅游等不如轻便车来得方便。

图 5-14 功能型推车

轻便型推车通常重量在 6~8 kg，外形轻巧，方便携带，折叠后体积也不会太大，6 月龄的婴儿就能使用。而如果是靠背放倒后平躺角度在 160°~170° 左右的车，6 个月以内的婴儿也是可以坐的。轻便型婴儿车的车架骨架比较细，四个车轮通常都一样大或相差不大，车轮直径都比较小，座椅一般也不会太高，适合婴幼儿远行（见图 5-15）。

图 5-15 轻便型推车

四、任务实施

根据任务要求，设定合理的知识、技能与素养目标，完成实训活页（见表5-5）。

表5-5　任务实训活页

（一）实施任务： 根据所学知识，为闹闹选择合适的安全座椅，并帮助爸爸指导闹闹培养乘坐安全座椅出行的良好习惯。
（二）确定组内角色及分工： 组长：　　　　　　　　　　任务： 组长1：　　　　　　　　　任务： 组长2：　　　　　　　　　任务： 组长3：　　　　　　　　　任务：
（三）实施目标：
（四）实施步骤：

五、任务评价

分别从自我、组间、教师等角度对学生的任务实施过程进行点评（见表 5-6）。

表 5-6　任务实施评价

项目	评分标准	自我评价	组间评价	教师评价
任务完成过程（70分）	能够正确理解任务，并进行合理分工			
	能够根据任务资料，分析并制定任务目标			
	能为闹闹选择合适的安全座椅			
	能正确指导家长培养婴幼儿乘坐安全座椅出行的习惯			
	通过小组讨论与自学，利用信息化教学资源等完成工作页			
	能很好地展示活动成果			
	积极参与小组合作与交流，配合默契，互帮互助			
学习效果（30分）	实施目标设定合理			
	达成预期知识与技能目标			
	达成预期素养目标			
合计				

自我评价与总结

教师评价

六、课后习题

（一）选择题

1. 携带婴幼儿旅行前要做好（　　　）的准备。

　　A. 物品、交通工具、季节气温变化的预计　　B. 物品、季节气温变化的预计

　　C. 物品、交通工具　　　　　　　　　　　　D. 交通工具、季节气温变化的预计

2. 选用 0~12 个月婴儿的推车，错误的表述是（　　　）。

　　A. 宜选坐卧两用多功能推车　　　　　　　　B. 准备坐时要固定车装置

　　C. 11 个月婴儿取仰卧位　　　　　　　　　D. 使用前检查推车刹车装置

3. 24~36 个月的幼儿外出时要保证安全，做法错误的是（　　　）。

　　A. 玩耍前要检查器械的安全性，不要接触尖锐的器械

　　B. 坐车可以独自坐在宽大的座位上，不系安全带

　　C. 坐车时不能探头伸手向窗外

　　D. 不能独自在车里走跑跳

（二）判断题

1. 根据婴幼儿身高体重的不同，可将安全座椅分为车载安全提篮、新生系安全座椅和成长系安全座椅。（　　　）

2. 折成伞形的轻便婴幼儿推车，因为靠背没有支撑，不适合 10 个月以下的婴儿使用。（　　　）

（三）简答题

1. 婴幼儿脊椎发育有什么特点？

2. 如何培养婴幼儿乘坐安全座椅的习惯？

（四）思考题

以上两幅图片中的婴幼儿有何安全隐患？我们应如何确保婴幼儿安全出行？

项目 6

婴幼儿家庭日常护理与回应

婴幼儿家庭日常护理主要包含四个方面，婴儿被动操、婴幼儿常见传染病防治、婴幼儿常见疾病防治、婴幼儿常用护理技术。本项目通过阐述以上内容，教导婴幼儿照护者如何正确帮助婴幼儿运动，辨别婴幼儿常见传染病以及如何进行防治，辨别婴幼儿常见疾病以及如何进行防治，教授照护者如何在家里正确运用基础的婴幼儿护理技术。

任务 6.1 婴儿被动操

一、任务情境

豆豆，5个多月，这5个月来除喂养外，妈妈一直让豆豆躺在床上不动，豆豆虽然长得白白胖胖，但5个月大了仍然无法自主翻身。

请问豆豆妈妈的方式正确吗，如何帮助豆豆更健康地成长？

二、任务目标

知识目标：（1）熟知婴儿被动操的优点与注意事项。

（2）掌握婴儿被动操的操作方法。

技能目标： 能够熟练操作婴儿被动操，帮助婴儿发展并巩固翻身动作，促进动作的灵活性。

素养目标：（1）在操作中关心爱护婴儿，具有同理心。

（2）给予婴儿安全感，引导婴儿从被动运动转为主动运动。

三、知识储备

（一）婴儿被动操的优点

婴儿被动操是指完全由成人帮助婴儿被动地改变身体姿势的操节活动。它适用于2~6个月的婴儿，具有促进胸、臂肌肉的发育，锻炼肩关节、膝关节、股关节、肘关节及其韧带的功能，以及提高两腿的肌力等作用。被动操有助于促进婴儿体格和神经系统的发育，能增进亲子感情，让婴儿感受到父母的爱心与耐心，有利于婴儿养成良好的性格。做操时伴有音乐，可以让婴儿接触多维空间，促进左右大脑平衡发育，从而促进婴儿的智力和体能发育。

（二）婴儿被动操操作要点

1. 准备工作

（1）环境准备：安静、舒适；室温保持在24~28℃；室内不能有对流风。气温较低的时候，可以开启空调来保障室内温度。

（2）物品准备：隔尿垫、纸尿裤或尿布、安抚玩具、舒缓的音乐、温开水。

（3）照护者准备：剪短指甲、洗净并温暖双手、束起头发等；婴儿吃奶后 30 分钟 ~ 1 小时，脱去外衣，选择婴儿情绪较好的时间段。

（4）婴儿准备：热身

婴儿自然躺在床上，照护者双手握住婴儿两手腕处向上轻轻抓握至肩部，按摩四下；由踝关节轻轻按摩四下至大腿根部；由胸部自内向外打圈按摩至腹部。

以上动作重复 4~6 次，缓解婴儿肌肉紧张，消除婴儿肌肉关节僵硬的状态，以适应身体活动的需要，还应防止做操时给婴儿造成伤害。

2. 操作流程

微课
婴儿被动操

婴儿被动操共八节。上臂健身运动准备姿态：婴儿仰卧，照护者两手握住婴儿手腕，把大拇指放到婴儿手掌心内，让婴儿握紧拳头，双手放到婴儿两侧。

第一节：扩胸运动，如图 6-1，图 6-2 所示。

（1）准备姿势：婴儿仰卧，照护者双手握住婴儿的双手，把拇指放在婴儿手掌内；

（2）让婴儿握拳，双臂左右张开；

（3）双手胸口交叉式；

（4）重复步骤（2）；

（5）复原。

反复两个八拍。婴儿两臂胸前交叉的时候，照护者的双手不要太用力，避免伤到婴儿。

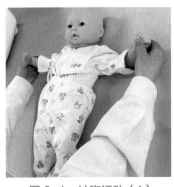

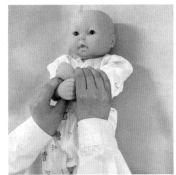

图 6-1 扩胸运动（1）　　　　图 6-2 扩胸运动（2）

第二节：屈肘健身运动，如图 6-3、图 6-4 所示。

（1）准备姿势：婴儿仰卧，照护者双手握住婴儿的双手，把拇指放在婴儿手掌内，让婴儿握拳；

（2）往上弯折左臂腕关节；

（3）复原；

（4）往上弯折右臂腕关节；

（5）复原。

反复两个八拍。

上肢动作，每个动作为一个节拍，左右交替轮换，一共两个八拍。全部动作要轻柔，并且不能太用力，避免伤到婴儿。

图6-3 屈肘健身运动（1）　图6-4 屈肘健身运动（2）

第三节：肩关节脱位健身运动。

（1）准备姿势：婴儿仰卧，照护者双手握住婴儿的双手，把拇指放在婴儿手掌内，让婴儿握拳；

（2）握住婴儿右手由内向外做环形的转动肩关节脱位姿势，反复四拍；

（3）握住婴儿左手做一样的姿势，反复四拍。

上肢动作，每个动作为四个节拍，左右交替轮换，一共两个八拍。婴儿手臂回旋的时候，要以肩关节为轴心，转动的时候，照护者的手不要用力太大，避免伤到婴儿。

第四节：上臂健身运动。如图6-5~图6-8所示。

（1）准备姿势：婴儿仰卧，照护者双手握住婴儿的双手，把拇指放在婴儿手掌内，让婴儿握拳；

（2）双手上下分离，向外平展与人体成九十度角；

（3）双手向前平举，两手心相对性，间距与肩同宽；

（4）双手胸口交叉式；

（5）双手往上举过头，手心往上，姿势柔和；

（6）复原。

反复两个八拍。上肢运动，每一个动作为一拍，一共两个八拍。婴儿屈臂的时候，照护者要稍用力，伸直的时候不要太用力，避免伤到婴儿。

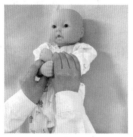

图6-5 上臂健身运动（1）　图6-6 上臂健身运动（2）　图6-7 上臂健身运动（3）　图6-8 上臂健身运动（4）

第五节：踝关节健身运动，如图 6-9 所示。

（1）准备姿态：婴儿仰卧，照护者右手握住婴儿的左踝部，左手握住婴儿左足前掌；

（2）将婴儿脚尖往上屈曲踝关节；

（3）脚尖往下，屈伸踝关节；

（4）换右足做同样姿势。

反复两个八拍。

第六节：腿部伸曲健身运动，如图 6-10，6-11 所示。

（1）准备姿态：婴儿仰卧，两腿挺直，照护者两手握住婴儿两小腿肚，更替屈伸膝盖骨，做踏车样姿势；

（2）左脚屈缩到腹腔；

（3）挺直；

（4）右脚屈缩到腹腔、挺直。

反复两个八拍。

下肢运动，每一个动作为一拍，左右脚交替，一共两个八拍。动作一定要轻柔，婴儿的腿屈至腹部时，照护者要稍用力。

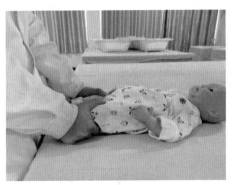

图 6-9　踝关节健身运动

图 6-10　腿部伸曲健身运动（1）　　图 6-11　腿部伸曲健身运动（2）

第七节：举腿健身运动，如图 6-12 所示。

（1）准备姿态：两腿部挺直放正，照护者两手掌往下，握住婴儿两膝盖骨；

（2）将两腿部挺直平举九十度；

（3）复原。

反复两个八拍。

第八节：翻盘健身运动，如图 6-13，图 6-14 所示。

（1）准备姿态：婴儿仰卧，照护者一手扶拖拉机婴儿胸腹腔，一手垫于婴儿后背；

（2）协助从仰卧转体为侧睡；

（3）从侧睡转体到侧卧；

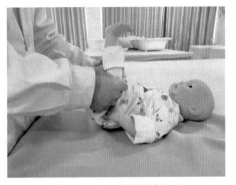

如图 6-12　举腿健身运动

129

（4）从侧卧再转体到仰卧。

反复两个八拍。

全身运动，每一个翻身动作为四拍，一共两个八拍。婴儿回旋时，以婴儿的股关节为轴心转动，照护者的动作要轻缓。左右翻转时，需要两手一起配合，一只手翻转婴儿的身体，另一只手护在婴儿身前，缓慢随着婴儿的身子直至完全放下。

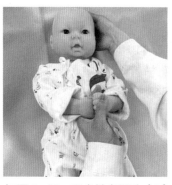 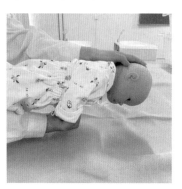

如图 6-13　翻盘健身运动（1）　如图 6-14　翻盘健身运动（2）

小专栏：呵护成长

传递爱和关心

　　婴儿照护者在做婴儿被动操时要顺着婴儿的力，以缓慢的动作改变婴儿的身体姿势，但注意给予婴儿充足的时间去接受和做出反应，以帮助婴儿后期自主运动。照护者精神要时刻集中，除了规避操作过程中伤及婴儿，还要始终保持微笑，注视着新生儿的眼睛，将目光集中在婴儿身上，把爱和关心传递给婴儿。

3. 注意事项

（1）动作要缓慢。婴儿由于身体功能发育不完善，对外界环境信息的接收和转换能力较弱，所以被动操的动作一定要缓慢，让婴儿有充足的时间去接受和做出反应，如此才能达到预期的运动效果。

（2）力度要轻柔。婴儿的肌肉、骨骼都很柔软，大人抱的时候要格外注意，3 个月以内的婴儿头颈肌肉缺乏充足的支撑力，给婴儿做被动操，头颈部位需要保护，避免运动时损伤。

（3）精神要专注。给婴儿做被动操时，精神要集中，除了要时刻留意每一个动作避免伤及婴儿，还要始终保持微笑，将目光都集中在婴儿身上，注视着婴儿的眼睛，把爱传递给幼小的婴儿；

（4）时间要合宜。做操之前，婴儿要排尿，最好是喂奶前 1 个小时或者喂奶后 1 小时左右。若进行期间，婴儿哭闹，不愿意继续，应立即停止。后期多进行几次，婴儿适应之后，就自然能够顺利进行了。每日进行 1~2 次，每次 5~15 分钟即可。

四、任务实施

根据任务要求，设定合理的知识、技能与素养目标，完成实训活页（见表 6-1）。

表 6-1　任务实训活页

（一）实施任务： 根据所学知识，帮助豆豆做被动操。
（二）确定组内角色及分工： 组长：　　　　　　　　　　　　　　任务： 组员 1：　　　　　　　　　　　　　任务： 组员 2：　　　　　　　　　　　　　任务： 组员 3：　　　　　　　　　　　　　任务：
（三）实施目标：
（四）实施步骤：

五、任务评价

分别从自我、组间、教师等角度对学生的任务实施过程进行点评（见表 6-2）。

表 6-2　任务实施评价

项目	评分标准	自我评价	组间评价	教师评价
任务完成过程（70分）	能够正确理解任务，并进行合理分工			
	能够根据任务资料，分析并制定任务目标			
	能正确帮助豆豆进行被动操锻炼			
	能够通过自主学习，完成学习目标			
	积极参与小组合作与交流，配合默契，互帮互助			
	能够利用信息化教学资源等完成工作页			
	能很好地展示活动成果			
学习效果（30分）	实施目标设定合理			
	达成预期知识与技能目标			
	达成预期素养目标			
合计				
自我评价与总结				
教师评价				

六、课后习题

（一）选择题

　　1. 婴儿被动操训练可以促进婴儿动作由（　　　）发展。

　　A. 主动向被动　　　B. 被动向主动　　　C. 约束向自由　　　D. 笨拙向灵活

　　2. 婴儿被动操应该在餐后（　　　）进行。

　　A. 2 小时　　　　　B. 1 小时　　　　　C. 半小时　　　　　D. 15 分钟

　　3. 婴儿的被动操扩胸运动可以达到活动（　　　）的目的。

　　A. 手腕肌肉　　　　B. 手臂肌肉　　　　C. 胸部肌肉　　　　D. 腿部肌肉

（二）判断题

　　1. 在帮助宝宝做操时，照护者要始终保持关注，与婴儿进行肢体和语言交流。（　　　）

　　2. 婴儿被动操的屈伸运动预备姿势是：婴儿仰卧，照护者握住婴儿两手腕，使婴儿两腿伸直，放松。（　　　）

（三）简答题

　　1. 做婴儿被动操时有哪些注意事项？

　　2. 婴儿做被动操有哪些好处？

（四）案例分析题

　　豆豆，5 个多月；5 个月来除喂养外一直让豆豆躺在床上不动，豆豆虽然长得白白胖胖，但 5 个月大了仍然无法翻身。

　　请问豆豆妈妈的方式正确吗，如何帮助豆豆更健康地成长？

任务 6.2 婴幼儿常见传染病防治

传染病是由病原体（细菌、真菌、病毒和寄生虫）引起的，能在人与人之间，或人与动物之间传播的疾病。一般来讲，皮肤、黏膜为人体的第一道防线，婴幼儿的皮肤、黏膜薄嫩，屏障作用差。另外，由于体液中的白细胞、淋巴细胞等战斗力不强，突破第一道防线进入体内的细菌就容易繁殖、扩散。婴幼儿对传染病普遍缺乏特异性免疫力，是传染病的易感者。婴幼儿常见传染病有水痘、麻疹、手足口病、疱疹性咽峡炎、流行性腮腺炎、流行性感冒、细菌性痢疾等。如何辨别出常见传染病以及如何进行防治，对于维护婴幼儿健康尤为重要。

一、任务情境

由于最近天气突然转凉，小芷发热也有 3 天了，体温最高升至 37.9℃，整个人无精打采的，食欲也变差了。妈妈觉得小芷大概是着凉了，就用温水给小芷进行擦拭降温。昨天晚上，妈妈发现小芷的头上、脸上冒出一颗颗的小疹子，小芷也开始不停哭闹，还总拿脑袋在枕头上蹭来蹭去。今天早上，妈妈发现小芷的前胸又出现了几颗小水疱，这才赶紧带小芷到医院就诊，被诊断为水痘。

请问针对小芷的情况，应该如何进行防护？

二、任务目标

知识目标： 理解并掌握婴幼儿常见传染病的特点及症状。

技能目标： 掌握婴幼儿各类常见传染病防治方法。

素养目标：（1）在照护患病婴幼儿时具有爱心、细心、耐心和同理心。

（2）掌握科学的处理方法，树立起生命安全和身体健康第一的理念，养成健康的生活方式和行为习惯。

三、知识储备

（一）水痘

1. 流行特点

水痘主要是由水痘－带状疱疹病毒感染引起的一种急性传染病。病毒通常存在于患者鼻咽分泌物以及疱疹液中，也可通过患儿打喷嚏、咳嗽的飞沫经呼吸道传播；以冬春季发病为主。人群对水痘普遍易感，任何年龄群都可感染水痘－带状疱疹病毒，多见于婴幼儿，以 2~6 岁为高发，20 岁以后，发病者小于 2%，得过一次水痘的人，具有较好的免疫性，有持久的抵抗力，一般不会再得。

2. 症状

（1）潜伏期：不会立刻产生症状，潜伏期在 10~21 天，通常 14 天左右。

（2）前驱期：发疹前期有 1~2 天的低热。

（3）症状明显期：皮疹先见于头面部，逐渐蔓延到躯干、四肢。最初为红色斑疹、丘疹，经数小时变为疱疹。疱疹基部有一圈红晕，在疱疹期间有瘙痒感，多数疱疹数日后结痂，1~2 周后脱落。患者可同时出现斑疹、丘疹、疱疹和结痂。

3. 预防措施

（1）传染源：水痘的传染源主要是水痘患者，为了避免感染水痘，保持健康，需远离病源，同时注意做好水痘患者的隔离工作，患者隔离应从出疹开始到出疹后 6 天或隔离至全部水痘疱疹干燥结痂为止。

（2）传播途径：水痘病毒在密闭的空间区域更容易被传染，需要注意多开窗通风，保持空气流通，降低感染率。日常中应养成良好的卫生习惯，要勤洗手，注意个人卫生，毛巾等私人物品不要和他人混用。到公众场所或者是人群多的地方时，应正确佩戴口罩，做好个人防护措施，同时还要注意日常用品的清洁以及消毒。

（3）易感人群：接种冻干水痘减毒活疫苗，接种疫苗后 15 天产生抗体，30 天时抗体水平达到高峰，抗体阳转率 95% 左右，免疫力持久，接种水痘疫苗是预防和控制水痘的有效手段。平时应注意多补充营养、适当锻炼，提高机体免疫力以及抗病能力，也有助于预防水痘。

4. 居家照护

（1）皮肤护理：贴身衣物以宽松、棉质为宜，衣被保持清洁及平整。婴儿照护者应及时更换患儿发热汗湿后的衣物，洗澡后要及时为患儿擦干皮肤，保持患儿皮肤清洁干燥，避免使用肥皂等刺激性洗护产品。患儿皮疹未破损时，可遵医嘱在皮疹处涂上炉甘石洗剂或 5% 碳酸氢钠溶液以减轻瘙痒。若皮疹已经破损，则需遵医嘱局部涂抹或口服抗生素。照护者要定期修剪患儿指甲或为其戴上手套，避免患儿瘙痒难耐抓挠皮肤。在水疱结痂之前，尽量不要为患儿洗澡。

（2）饮食护理：水痘患儿的饮食应富含营养、清淡、易消化，多喂温开水，忌喂食辛辣刺激的食物，如姜、蒜、葱、洋葱、韭菜、蚕豆、荔枝等。注意患儿饮食卫生，患儿使用的餐具要用沸水消毒 5~10 分钟。

（3）发热护理：患儿要少量多次地喝温开水，多喝水有助于保持口腔清洁，降低口腔致病菌的浓度，而且能为患儿补充水分，有助于帮助患儿降温；患儿发烧以低烧为主，体温不超过 38.5℃的时候不用使用口服退烧药物，可以考虑物理降温，如给患儿贴退热，必要的时候可以温水拭浴，但患儿出水痘的时候是不可以用温水拭浴的方式进行物理降温的。患儿低烧的时候也可以降低室内温度，保持室内温度在 24~26℃，湿度在 40%~60%，合适的室温有助于帮助患儿降温；如果患儿体温超过 38.5℃，可以口服退烧药物，如对乙酰氨基酚，但不能口服阿司匹林，容易引起瑞氏综合征等。患儿如果出现反复发烧，间隔 4~6 小时可以口服退烧药；若出现高热，则应注意减少衣物、松开包被，及时进行物理降温或药物降温，避免发生惊厥。患儿如果高烧不退、精神差、呕吐，需要及时赴医院就诊。

（4）预防疾病传播：水痘具有极强的传染性，在患儿痂皮脱落前，应避免与其他健康儿童接触。水痘患儿的衣物、被褥容易被水疱液污染，应注意及时清洁、消毒。

（二）麻疹

1. 流行特点

麻疹是由麻疹病毒引起的急性呼吸道感染。患者全年均可发病，多见于冬春季节。患者自发病前两天到病后五天，眼结膜、鼻、口咽、气管的分泌物均携带病毒。麻疹主要是通过飞沫直接经过呼吸道进行传播，人群普遍易感，90% 以上的易感者接触病人后会发病，康复后有持久的免疫力。

2. 症状

营养不良、继发严重感染或是接种过麻疹疫苗而再次感染的麻疹患儿，症状表现不一，难以分辨，缺乏典型性案例。一般患儿随着病情进展在不同阶段会出现不同症状。

（1）潜伏期：典型麻疹的潜伏期一般为 6~18 天，平均 10 天左右。患儿在潜伏期末会出现低热和全身不适。

（2）前驱期：此阶段传播性最强，时间段为发热到出疹前的阶段，一般 3~4 天。患病婴幼儿可能会出现发热、流鼻涕、咳嗽、打喷嚏、眼睛发红、流泪等症状。

（3）出疹期：持续发热 3~4 天后，患者耳后、发际部位开始出现红色斑丘疹，逐渐蔓延到颈部、躯干、四肢、手掌和脚底，3~4 天内遍布全身，此阶段为出疹期。

（4）恢复期：恢复期皮疹会按照出疹顺序逐渐消退，体温逐渐降至正常。

3. 预防措施

（1）控制传染源

早发现、早报告、早隔离、早治疗麻疹患者，一般隔离至出疹后 5 天。合并肺炎者隔离期延长至出疹后 14 天。接触麻疹的易感者应检疫观察 3 周，并给予被动免疫。

（2）切断传播途径

病人曾住的房间应通风并用紫外线照射，病人衣物应在阳光下暴晒。流行季节易感儿尽量少去公共场所（尤其是医院），居家防护为主，以降低感染机会。

（3）保护易感人群

主动免疫：采用麻疹减毒活疫苗预防接种，初种年龄国内规定为生后 8 个月，1.5 岁时复种一次。易感者在接触病人 3 日内接种疫苗，仍有可能预防发病或减轻病情。

被动免疫：接触麻疹后 5 天内立即给予免疫血清球蛋白 0.25 mL/kg 可预防发病。如用量不足或接触麻疹后，第 5~9 天使用，仅可减轻症状。被动免疫只能维持 3~8 周，康复后采取主动免疫。

4. 居家照护

（1）皮肤、黏膜护理：患儿衣物应以宽松干净的棉质衣物为主，照护者要定期修剪患儿指甲以防止其抓挠皮肤，及时为患儿洗浴并更换发热汗湿后的衣物，保持皮肤清洁，避免使用肥皂等刺激性洗护产品。多用淡盐水为患儿清洁口腔；阳光强烈时拉起窗帘防止强光刺激患儿眼部；及时擦干患儿眼泪，以防止眼泪流入耳道引起中耳炎；注意清洁患儿鼻腔分泌物，防止结痂。

（2）饮食护理：以清淡易消化且营养丰富的流质或半流质食物喂养患儿，少量多餐，多为患儿饮水。

（3）发热护理：患儿皮疹消退，体温恢复正常前需卧床休息。室内环境保持空气清新，每日多次通风，通风期间避免患儿直接吹风，以防受凉。保持室温在 22~24℃。衣被穿盖适宜，忌捂汗，若出汗及时擦干并更换衣被。监测患儿体温，观察热型，高热患儿可给予退热剂，忌用乙醇擦浴、冷敷。

（4）预防疾病传播：麻疹具有极强的传染性，因此患儿一般需隔离至出疹后 5 天，并发肺炎的患儿需隔离至出疹后 10 天。患儿居室应每日定时开窗通风消毒，患儿衣物应仔细清洗并在阳光下暴晒 6 小时。减少人员探视，避免患儿和其他健康儿童接触。

（三）手足口病

1. 流行特点

手足口病是由肠道病毒引起的急性传染病，其中以柯萨奇病毒 A 组 16 型（CoxA16）和肠道病毒 71 型（EV71）感染最常见，婴幼儿普遍易感，以 5 岁以下幼儿最易感染，尤其是 1~2 岁发病风险最高。病毒主要存在于血液、鼻咽分泌物及粪便中，一般发病第 1 周内传染性最强，其中粪便排毒 3~5 周，咽部排毒 1~2 周。病毒主要经粪—口的途径传播。其次是经呼吸道分泌物传播和密切接触传播（疱疹液、口鼻分泌物及被污染的手与物品）。其中污染的手直接传播是关键媒介。

2. 症状

手足口病的潜伏期多为 2~10 天，平均为 3~5 天。根据病情的轻重程度分为普通病例和重症病例。

1）普通病例

急性起病，发热，可伴有咳嗽、流涕、食欲缺乏等症状。

典型症状：发热 1~2 天后在舌、牙龈和（或）颊黏膜等口腔黏膜出现散状疱疹，手、足和臀部出现斑丘疹和疱疹，疱疹周围有炎性红晕，疱内液体较少，不疼不痒，皮疹消退后不留疤痕,不会形成色素沉着。

部分患儿仅表现为皮疹或疱疹性咽峡炎。一般在 1 周内痊愈,预后状态良好,具有"四不像"(不像蚊虫咬、不像药物疹、不像口唇牙龈疱疹、不像水痘)和"四不"特征(不痛、不痒、不结痂、不结疤)。

2)重症病例

少数患者,尤其是 3 岁以下婴幼儿病情迅速进展,前 1~5 天可出现脑膜炎、脑炎、肺水肿、循环障碍等症状,极少数病例病情危重,严重者可导致死亡,存活者留有后遗症。后其症状可出现精神差、嗜睡、易惊、头痛、呕吐,甚至出现昏迷、肢体抖动、眼球震颤、惊厥等情况,部分患者会伴有呼吸浅促、呼吸困难或节律改变,口唇发绀,咳嗽等。

3. 预防措施

1)传染源

患者和隐性感染者为主要传染源,隔离的时间一般是 10 天左右,隔离至患儿手足口病的主要症状消失,比如发热热退,体温不再反复;或者是集中在手心,脚心和臀部等处的疱疹明显消退并结痂,方可解除隔离。

2)传播途径

养成良好的卫生习惯,注意手部卫生,在触摸口鼻前、进食或处理食物前、便后、接触疱疹或呼吸道分泌物后、更换尿布或处理被粪便污染的物品后,应用清水、洗手液或肥皂洗手。经常清洁和消毒(含氯消毒液)常接触的物品及物体表面。打喷嚏或咳嗽时用纸巾遮住口鼻,使用后的纸巾包裹好后再丢入有盖的垃圾桶。

3)易感人群

免疫接种 EV71 型灭活疫苗,适用于 6 月龄 ~5 岁儿童,鼓励在 12 月龄前完成接种。不与他人共用毛巾或其他个人用品,避免与患儿密切接触,如接吻、拥抱等。应严格执行隔离制度,手足口病流行期间,避免带孩子参加集体活动。

4. 居家照护

(1)居家隔离:患儿体温正常、皮疹消退 1 周后解除隔离。患儿居室避免吸烟,保持室温 18~22℃,湿度 50%~60%,每天开窗通风 2 次,每次通风时间不少于 30 分钟,保持空气清新。

(2)居家消毒:一般用含氯消毒液浸泡及煮沸消毒。患儿每天常接触的家具、玩具、地面等,每周用含氯消毒液消毒 1~2 次。患儿的分泌物、呕吐物或排泄物以及被其污染的物品或环境,清洁后要及时用含氯消毒液进行擦拭或浸泡消毒,接触患儿前后要洗手。

(3)饮食护理:患儿应注意休息,多饮温开水。为患儿提供清淡、易消化且富含维生素的流质或半流质食物,如粥和牛奶等。饮食应定时定量,减少喂养零食;若患儿口腔糜烂,宜进流质食物,切勿食用冰冷、辛辣等刺激性食物。

(4)发热护理:一般为低热或中等度热,不需要特殊处理,可让患儿多饮水。如体温超过 38.5℃,可以采取物理降温的方法,比如用温热的湿毛巾擦拭颈部、腘窝、肘窝、腹股沟等大血管通过的地方,通过水分挥发带走体内热量。还可以选择贴退烧贴等方法进行物理降温,注意多喝水,保持室内的空气流通,在发烧时不要穿太厚的衣服,以便于身体散热；体温持续在 38.5℃以上，务必及时就医。

（5）口咽部疱疹护理：保持口腔清洁，饮食后用温开水或生理盐水为患儿漱口，口腔糜烂的患儿可以遵医嘱涂金霉素鱼肝油，亦可选西瓜霜或冰硼散吹敷口腔患处，每天宜清理 2~3 次。

（6）皮肤疱疹护理。

①患儿不宜穿着过厚的衣被，衣着以宽松柔软为宜，保持衣被清洁干燥。定期为患儿剪短指甲，必要时可包裹双手，防止患者抓破皮疹，引起感染。

②避免用沐浴露、肥皂清洁皮肤，防止刺激皮肤。

③疱疹未破者，遵医嘱将冰硼散或青黛散用蒸馏水溶化后用消毒棉签蘸涂患处，每天 3~4 次。疱疹破裂者，局部使用 1% 甲紫或抗生素软膏。臀部有皮疹的患儿，保持臀部清洁干燥，及时清理患儿的大小便。

（7）病情观察：注意观察患儿在家治疗期间的病情变化，若患儿出现持续发热、精神不好、易惊、肢体颤动、呕吐等症状，要及时送医，防止病症加重。

（四）疱疹性咽峡炎

1. 流行特点

疱疹性咽峡炎是由肠道病毒引起的以急性发热和咽颊部疱疹溃疡为特征的儿童急性上呼吸道传染性疾病。主要病原体是柯萨奇病毒 A 型和肠道病毒 71 型。传播途径为经胃肠道（粪—口途径）、呼吸道传播，6 岁以下婴幼儿易发生，四季皆可发生，其中以夏秋季为主。

知识链接
疱疹性咽峡炎
和手足口病的
区别

2. 症状

（1）发热：以低热或中度发热为主，严重者为高热，体温可达 40℃以上，可能引起患儿惊厥，热程持续 2~4 天。

（2）咽痛：咽痛严重者可影响吞咽；因口腔疼痛出现流涎、哭闹、厌食等状况。部分患儿伴有头痛、腹痛或肌痛等症状。

（3）伴发症状：咳嗽、流涕、呕吐、腹泻。

（4）局部体征：初时咽部充血，在咽腭弓、软腭、悬雍垂及扁桃体上可见散在多个 2~4 mm 大小灰白色疱疹，周围伴有红晕，1~2 天后破溃形成小溃疡。一般 1 周左右可自愈，预后良好。

3. 预防措施

（1）管理传染源：患儿从潜伏期至症状发作期的全期均需隔离。疱疹性咽峡炎传染性强，好发于 1~7 岁年龄的儿童。该疾病从被传染到症状发作时的潜伏期一般为 2~4 天，而潜伏期往往由于没有症状而被忽略，导致该疾病患儿未能及时被隔离引起在幼儿园或学校广泛传播。疱疹性咽峡炎的潜伏期是疾病传染性最强时期，此期最需要进行隔离。当潜伏期过后患者可突然出现高热，并由于咽峡部位有大量疱疹及疱疹破溃后形成口腔溃疡。患者有剧烈咽部疼痛、功能性吞咽困难，可致食欲差等发作期症状，此期一般为 4~6 天。也就是说从潜伏期到症状发生的 7~10 天都需要进行隔离。

（2）切断传播途径：疱疹性咽咽峡炎的主要传播途径是飞沫以及粪—口传播，因此要养成良好的卫生习惯，勤洗手、勤剪指甲、不咬玩具等，特别是饭前便后要用肥皂或洗手液给儿童洗手，在室内也要勤通风、保持空气流通，防止受到细菌病毒的感染从而患上疱疹性咽峡炎。

（3）保护易感人群：疱疹性咽峡炎的传染性很强，疾病高发季节尽量少去人口密集的公共场所，避免与患者接触。还需要增强自身的抵抗能力。疱疹性咽峡炎与患者自身的免疫力有很大的关系，因此日常要经常进行体能运动锻炼，尤其是年龄较小的幼儿，要保持有规律的适当的运动量，增强身体的抵抗能力。还须保持合理均衡的饮食习惯。平时一定不要喝生水，多食用新鲜的蔬菜水果给身体补充维生素、纤维素等营养物质，保证充足的睡眠时间，补充机体的免疫力，能够减少受到疾病传染的可能。

4. 居家照护

（1）居家隔离：保持室温保持在 18~22℃，湿度 50%~60%，每天开窗通风 2 次。做好呼吸道隔离，避免交叉感染，居家隔离 2 周。

（2）居家消毒：经常通风，保证空气流通，每天至少开窗通风半个小时；使用的碗和筷子可以煮沸消毒。

（3）饮食护理：清淡饮食，不宜进食过烫、辛辣、酸、粗、硬等刺激性食物。应进流食或半流食食物，饮食应少食多餐。

（4）口腔护理：餐后用淡盐水或生理盐水漱口，低龄患儿可以用生理盐水擦拭口腔。

（5）发热护理：衣被不宜过厚；鼓励多饮水；保持皮肤清洁，及时更换汗湿的衣服；每 4 小时测一次体温，体温超过 38.5℃者，给予物理降温或药物降温。

（6）卫生：照护者要注意卫生，勤洗手，勤剪指甲，接触患儿前、帮助幼儿更换尿布、处理粪便后要洗手，并妥善处理污物；患儿接触过的玩具、奶瓶、餐具等物品要彻底消毒。

（7）病情观察：密切观察患儿精神状况和饮食状态，如出现精神差、嗜睡、烦躁不安、面色苍白等症状要及时去医院就诊，防止并发症的发生。

（五）流行性腮腺炎

1. 流行特点

流行性腮腺炎是由腮腺炎病毒入侵人体腮腺而引起的急性呼吸道传染病。该病全年均可发病，但以冬春（2~5 月）为主，病毒感染者及携带者是传染源，传播途径为飞沫传播，多见于 2 岁以上的儿童。患儿接触传染源后 2~3 周发病，康复后可终身免疫。

2. 症状

病发多为急症，无前驱症状。发病初期有发热、畏寒、头痛、肌痛、咽痛、食欲不佳、恶心、呕吐、全身不适等，数小时后腮腺逐渐肿痛，体温可达 39℃以上。

腮腺肿痛为该病典型性特征。腮腺肿痛一般以耳垂为中心，向前、后、下发展，逐步形成梨形，无明显边缘；局部皮肤紧张，发亮但不发红，触感较为坚韧富有弹性，碰触下有轻微痛感，张口或咀嚼（尤其进酸性饮食）时刺激唾液分泌，导致痛感加剧；通常情况下，在一侧腮腺肿胀后的 1~4 天会感染至侧腮腺，大约 3/4 的患者中会形成双侧肿胀。严重者会传染颌下腺或舌下腺，10%~15% 的患儿仅有颌下腺重大，舌下腺感染较少见。重症患者腮腺周围组织会形成高度水肿，使面部形变，并可能导致患者难以吞咽。腮腺管开口处早期可能红肿，挤压腮腺始终无脓性分泌物自开口处溢出。咽部及软腭处可能形成肿胀，扁桃体向中线移动。腮腺肿胀于 3~5 天到达高峰，7~10 天逐渐消退而恢复正常。腮腺肿大时体温升高多为中度发热，5 天左右降至正常。病程 10~14 天。

3. 预防措施

（1）管理传染源：早期患者及隐性感染者均为流行性腮腺炎的传染源，患者腮腺肿大前 6 天至腮腺肿大后 9 天，约 2 周后可从唾液中分离出病毒，此时患者传染性较高，需单独隔离。传染源接触者一般需 3 周内定期检疫。

（2）切断传播途径：流行性腮腺炎的传播主要依赖病毒和细菌。因此，预防工作首先要注意养成良好的卫生习惯。保持经常性锻炼从而提升人体的免疫能力。其次衣服、被子等贴身衣物要经常清洗、烘干，保持室内通风，避免细菌滋生。最后要经常洗手消毒，防止疾病进入口腔。以上措施可以有效减少腮腺炎的出现，保证我们的健康。

（3）保护易感人群：流行性腮腺炎主要在人与人之间传播。冬春季节尽量避免公共场合聚集；积极参加户外体育锻炼，可以促进身体血液循环，提高身体的免疫力，从而预防流行性腮腺炎的感染。流行性腮腺炎还可通过疫苗接种进行预防，也是最有效的预防措施。儿童应该按时完成预防接种，8 月龄接种一针麻腮风疫苗，18 月龄加强一次，如在 6 岁前仅接种过一次麻腮风疫苗，建议 6 岁时接种一次冻干流行性腮腺炎活疫苗，15 岁以下儿童均可接种此疫苗；一旦发现疑似流行性腮腺炎的症状，如呼吸道感染或发烧、腮腺炎肿胀和疼痛，应立即就医，避免该病发展严重。

4. 居家照护

（1）减轻疼痛：保持口腔清洁，预防继发感染，腮腺肿痛，影响吞咽，口腔残留食物易致细菌繁殖，应经常用温盐水漱口，不会漱口的儿童应帮助其多饮水，做好饮食护理，儿童常因张口及咀嚼食物使局部疼痛加重，应给予富有营养，易消化的半流质食物或软食，不可给予酸、辣、硬而干燥的食物，否则可引起唾液分泌增多，排出受阻，腺体肿痛加剧。腮腺局部冷敷，使血管收缩，可减轻炎症充血程度及疼痛，可用如意金黄散调茶水或食醋敷予患处，保持局部药物湿润，以发挥药效，防止干裂引起疼痛。

（2）发热照护：保证休息，防止过劳，鼓励患儿多饮水，以利于汗液蒸发散热，监测体温。一般来说流行性腮腺炎出现的发热主要是以高热为主特征，温度在 39℃ 以上，如果情况不是很严重，可以采取物理降温，比如冷敷或者用酒精擦拭身体，如果效果不太明显，最好在医生的指导下服用退烧药。

（3）病情观察：脑膜脑炎大多于腮腺肿大后一周发生，患儿出现持续高热、剧烈头痛、呕吐、颈强直、嗜睡、烦躁或惊厥，应密切观察，及时发现。

（4）消毒隔离：一旦小儿得了腮腺炎，应隔离至腮腺肿大完全消退后才可入托或上学，以免传染给其他小儿。患儿生活用品、玩具、文具等煮沸或暴晒消毒，居室要注意通风换气；病人要注意卧床休息；如体温过高，可给予适量退热药，要注意冬季加强患儿的营养、保暖及耐寒锻炼，可口服板蓝根冲剂，并常用淡盐水漱口、洗鼻。腮腺炎流行期间，不要去人群集中的公共场所，避免接触传染源。

（六）流行性感冒

1. 流行特点

流行性感冒是由流行性感冒病毒引起的常见急性呼吸道传染病，传染源为病人和隐性感染者，主要传播途径为飞沫传播（如咳嗽、打喷嚏），也可以通过眼睛、鼻腔、口腔等黏膜直接或间接传播。流行性感冒传播力强，易导致地方性流行，新流感病毒变异株可能导致世界性大流行。流行性感冒的特点为突然发生与迅速传播，多在冬春季暴发，婴幼儿发病率及死亡率极高。

2. 症状

不同年龄段的儿童患流感的临床症状表现不同，大一点的儿童症状与成人相似，一般表现为普通感冒型，表现为起病急骤，伴有高热、畏寒、头痛、背痛、四肢酸痛、疲乏等症状，一段时间后出现咽痛、干咳、流鼻涕、眼结膜充血、流泪，以及局部淋巴结肿大，肺部可出现粗啰音，偶诉腹痛、腹泻、腹胀等消化道表现。婴幼儿的临床表现与其他呼吸道病毒感染相似，不易区分，上呼吸道、喉部、气管、支气管、毛细支气管及肺部可能出现炎症，病情较严重，常伴有突发高热、全身中毒症状及流清鼻涕，常伴呕吐、腹泻等，偶见皮疹及鼻出血，体温波动于 38~41℃，可有高热惊厥。

3. 预防措施

（1）管理传染源：流感患者及隐性感染者为主要传染源。患者发病后 1~7 天有传染性，病初 2~3 天传染性最强。故确认患病应尽早隔离，至少隔离一周。

（2）切断传播途径：日常生活中培养良好的个人卫生习惯，使用肥皂或洗手液并用流动水洗手，避免使用污浊的毛巾。双手接触呼吸道分泌物（如打喷嚏）后应立即洗手。打喷嚏或咳嗽时应用手帕或纸巾掩住口鼻，避免飞沫污染他人。每天开窗通风，保证开窗通风数次，保持室内空气新鲜。

（3）保护易感人群：在流感高发期，尽量不到人多拥挤、空气污浊的场所，不得已必须去时，要戴口罩。流行性感冒可通过注射流感疫苗，使体内产生流感病毒抗体，这样接触流感病毒以后就不容易得流感。合理睡眠，避免过度疲劳。人在睡眠时体内会产生一种有提高免疫力作用的物质。因此保证患儿充足的睡眠十分重要；注意保暖，脚对温度比较敏感，若脚部受凉，会反射性地引起鼻黏膜血管收缩，使人容易受流感病毒侵扰；保持心情舒畅。

4. 居家照护

（1）发热护理：一般治疗，患者在流行性感冒发烧后，可以适当休息，保证充足的睡眠，避免过度劳累，同时还要多喝热水，为机体补充足够的水分，以免因机体温度过高导致脱水。物理治疗，除一般治疗外，患者可以进行降温护理，将毛巾在温水里浸泡后，进行全身擦拭，能在一定程度上起到降温的作用，对缓解流行性感冒引起的发烧有一定的帮助。若患者在流行性感冒后发烧的情况比较严重，可及时到医院就诊，在医生指导下使用精制银翘解毒片、感冒清胶囊等药物进行治疗。

（2）皮肤护理：婴幼儿的衣物保持宽松，避免过度包裹，以免引起出汗较多，加重病情。

（3）饮食护理：流感患者的饮食要清淡，不宜进食辛辣、刺激、霉变、油腻的食物。食物应营养丰富，易消化吸收。发病期间可适当多进食稀饭、面条、蔬菜、水果等食物。三餐种类要丰富，要戒烟戒酒。可以通过为患儿口服糖盐水或者果汁补充水分。

（4）开窗通风：每天通风 2 次，每次不少于 30 分钟，保持空气清新，降低环境温度。

（5）预防疾病传播：流感有较强的传染性，不要在人员拥挤、空气流动差的公共场所中聚集。

（七）细菌性痢疾

1. 流行特点

细菌性痢疾是由志贺菌感染引起的肠道传染性疾病。主要通过消化道传播，志贺菌随患者或带菌者的粪便排出，通过生活接触及污染手、食品、水源等，或苍蝇、蟑螂等间接方式传播，最终经口部入消化道感染人群。细菌性痢疾终年散发，全年皆可发病，夏、秋季多见。人群对志贺菌普遍易感，学龄前儿童患病多。

2. 症状

细菌性痢疾的主要症状为发热、腹痛、腹泻、排黏液脓血便等。患者一般表现为畏寒高热，重型的患者会出现明显的脱水、中毒性休克、心肾功能不全等情况。

3. 预防措施

（1）管理传染源：对患者和带菌者进行有效隔离和彻底治疗，大便培养阴性方可解除隔离。慢性患者和带菌者不得从事饮食业、保育业或在水厂工作，一旦感染应立即隔离并给予彻底治疗。

（2）切断传播途径：饭前便后及时用流动水洗手，要充分冲洗 30 秒以上。日常生活注意卫生习惯，尤其应注意饮食和饮水的卫生情况，食物要新鲜、干净，不喝生水，不吃腐败变质不干净的生冷食品，加工食物时生、熟分开。饭菜尽量现吃现做，如进食剩菜一定要彻底热透。存储食物不要太依赖冰箱，即使是温度在零下 18℃ 左右的冷冻室，也并不等于杀菌，有些细菌只是休眠，一旦解冻又会复活。搞好环境卫生，切断传播途径。居室要清洁并时常通风，卫生间更应时常打扫、定期消毒，注意消灭苍蝇，它是传播病菌的超活跃分子。

（3）保护易感人群：口服活菌苗可使人体获得免疫性，免疫期可维持 6~12 个月。坚持母乳喂养对增强婴儿体质很有好处；大一些的患儿应平时加强锻炼，增强体质，身体好抗病能力才越强。

4. 居家护理

（1）饮食护理：细菌性痢疾患儿因胃肠功能出现紊乱，为了减轻胃肠道的负担，应给患儿吃清淡易消化的半流食如米粥、面条汤等。待大便次数减少，病情好转可改为软饭，吃些鸡蛋、瘦肉等高蛋白食物以增加营养。要给患儿勤喂水，一方面可以补充因腹泻丢失的水分；另一方面也可以加速细菌毒素的排泄，可以喂口服补液盐、白开水、糖盐水或果汁水等。花样多，患儿觉得新鲜就会多喝些。

（2）臀部护理：患儿每次大便后需用温水清洗臀部并涂油膏，如凡士林、鞣酸软膏或植物油，以防发生臀红或肛门周围糜烂。幼儿及年长儿便后宜用柔软的卫生纸擦拭。为了避免蹲盆时间过长，次数过多而引起脱肛，幼儿也可采用尿布。发生脱肛时，可用消毒的凡士林油纱布或盐水纱布将脱出的部分轻揉托回。照护者不必过于担心着急，因为待痢疾好了，脱肛也就随之痊愈了。

（3）观察病情：有少数急性痢疾病儿，发病1~2天后才转为中毒性痢疾，所以在此期间要注意观察病情变化，一旦发生中毒性痢疾的症状，如高热、惊厥、面色苍白、脉搏细弱、精神萎靡或烦躁等，应及时送往医院治疗。此外，患儿每次大便后，照护者应注意观察大便的量和性质，并记录次数，只有前后比较才能了解患儿的病情是好转还是加重，为医生制订治疗计划提供可靠的依据。

（4）腹部保暖：腹部保暖可以减少胃肠的蠕动和痉挛，达到减轻疼痛和减少大便次数的目的。首先要避免腹部受凉，给患儿穿好盖严腹部。还可以将热水袋放置于腹部，放置时最好让患儿侧卧，以减轻热水袋对腹部的压力。

（5）隔离：细菌性痢疾属于消化道传染病，既然是传染病，那么，首先注意隔离与消毒。痢疾患儿需隔离至症状完全消失，大便外观成型正常后1周。有条件应做大便培养，两次阴性后才能解除隔离。餐具要单独使用，用后煮沸消毒15分钟。患儿的衣服被褥要勤洗勤晒。

（6）疗程应足够：护理患儿过程中，一定要遵照医生的要求按时服用抗菌药物，孩子大多怕吃药，给患儿吃药更麻烦，有时吃2~3天药，大便性状暂时好转，照护者往往擅自停药，因为患儿的病没有得到根治，过几天病情又会反复。而且容易造成痢疾杆菌产生耐药性，在急性期若不按疗程服药，彻底治疗，常会导致迁延不愈或转成慢性痢疾，那会严重影响患儿的身体健康和正常学习，对此照护者务必给予充分注意。

知识链接
常见儿童
传染病介绍

小专栏：职业品格

传承红色基因，培育时代新人

电影《啊，摇篮》讲述了烽火时代那段鲜为人知的婴幼儿保育历史。影片呈现了无数感人的保育故事，如为了安抚一名因头上长癣而被剃光头的幼儿情绪，保育员不顾个人形象也跟着一起剃光头；患腮腺炎的幼儿耳朵疼，保育员顶着烈日生炉子为幼儿热敷；为照顾突发麻疹的幼儿，保育员一个多月没有睡过囫囵觉，终于让所有幼儿平安地度过危险期等。作为新时代的婴幼儿照护者，更应该传承红色基因、紧跟时代步伐，用自己的爱心、耐心、细心、同理心哺育祖国的花朵、培育时代新人。

四、任务实施

根据任务要求，设定合理的知识、技能与素养目标，完成实训活页（见表 6-3）。

表 6-3　任务实训活页

（一）实施任务：
根据所学知识，为小芷进行正确的居家照护。
（二）确定组内角色及分工：
组长：　　　　　　　　任务：
组员 1：　　　　　　　任务：
组员 2：　　　　　　　任务：
组员 3：　　　　　　　任务：
（三）实施目标：
（四）实施步骤：

五、任务评价

分别从自我、组间、教师等角度对学生的任务实施过程进行点评（见表6-4）。

表6-4　任务实施评价

项目	评分标准	自我评价	组间评价	教师评价
任务完成过程（70分）	能够正确理解任务，并进行合理分工			
	能够根据任务资料，分析并制定任务目标			
	能正确照护小芷			
	能够通过自主学习，完成学习目标			
	积极参与小组合作与交流，配合默契，互帮互助			
	能够利用信息化教学资源等完成工作页			
	能很好地展示活动成果			
学习效果（30分）	实施目标设定合理			
	达成预期知识与技能目标			
	达成预期素养目标			
合计				

自我评价与总结

教师评价

六、课后习题

（一）选择题

1. 水痘的好发季节为（　　　）。

　A. 夏秋　　　　　　B. 秋冬　　　　　　C. 冬春　　　　　　D. 春夏

2. 水痘的隔离期是（　　　）。

　A. 全部疱疹结痂

　B. 发热消退后 1 周

　C. 疱疹结痂后 1 周

　D. 全部疱疹结痂

　E. 疱疹消退 1 周

3. 下列手足口病的描述哪项是错误的？（　　　）

　A. 发热，体温可达 38℃以上

　B. 口腔黏膜、手、足和臀部出现斑丘疹、疱疹

　C. 疱疹处痒、痛，有结痂

　D. 可伴有咳嗽、流涕、食欲不振、恶心、呕吐、头痛等症状

（二）填空题

1. 手足口病的皮疹具有四不特征，是指_____、_____、_____、_____。

2. 典型手足口病主要表现是_____、_____、_____、_____等部位出现斑丘疹或疱疹。

（三）判断题

1. 流感有较强的传染性，不要到公共场所人员拥挤、空气流动差的地方。（　　　）

2. 流行性腮腺炎一般一侧腮腺先肿大。（　　　）

（四）简答题

1. 简述细菌性痢疾的症状。

2. 简述疱疹性咽峡炎和手足口病的区别。

任务 6.3 婴幼儿常见疾病防治

婴幼儿时期人体生长发育迅速，对营养的需求较高，婴儿在刚出生后不久就需要大量补充维生素、微量元素、蛋白质等营养物质，尤其是维生素 D、钙元素、铁元素、锌元素等，通过合理喂养为婴儿提供所需营养能够促进婴幼儿的生长发育，避免出现维生素 D 缺乏症、蛋白质 – 能量营养不良、缺铁性贫血、婴幼儿肥胖症等情况。婴幼儿发育阶段，消化系统功能尚不够完善，仅能有限地对消化、吸收和利用食物，可能会出现便秘、腹泻等病症。婴幼儿呼吸系统同样未发育完善，易发生感冒、支气管肺炎、支气管哮喘等呼吸系统疾病。婴幼儿的皮肤较薄嫩，皮肤角质层较薄，皮肤屏障保护功能较差，容易造成感染的情况，比如出现湿疹、痱子等疾病。下面具体来学习一下维生素 D 缺乏症、蛋白质 – 能量营养不良、婴幼儿肥胖症、缺铁性贫血、急性上呼吸道感染、支气管肺炎、支气管哮喘、腹泻、湿疹等疾病的防治。

一、任务情境

圆圆出生后就一直用人工配方奶粉喂养，现在 7 个月大了，暂未添加辅食。圆圆现在身长 65 cm，头围 40 cm，前囟 1.5 cm × 1.5 cm，尚未出牙。妈妈最近发现圆圆晚上睡觉不太安稳，总是半夜惊醒，然后开始啼哭，而且枕后部头发较少，头型也变得有点方方正正了。

请问圆圆发生了什么情况，应该如何进行防治？

二、任务目标

知识目标：理解并掌握常见疾病的症状与病因。
技能目标：掌握婴幼儿常见疾病的家庭照护技巧。
素养目标：在操作中关心、爱护婴幼儿，具有同理心。

三、知识储备

（一）维生素 D 缺乏症

1.常见症状

维生素 D 缺乏症是由婴幼儿缺乏维生素 D 引起的营养性维生素 D 缺乏症，易导致营养性维生素 D 缺乏性佝偻病和营养性维生素 D 缺乏性手足搐搦症，并伴有其他不同症状。

1）营养性维生素 D 缺乏性佝偻病

婴幼儿缺乏维生素 D 时，肠道对钙的吸收减少，影响婴幼儿骨骼的生长发育，从而导致不同部位、程度不等的骨骼畸形等常见营养障碍性疾病。6 个月以内的患儿常表现出易急、烦躁、夜惊、不因环境温度出现的多汗等现象。因头部多汗刺激毛囊，致婴儿摇头擦枕，婴儿头部与枕头接触部位头发脱落，出现枕秃，详见表 6-5。

表 6-5　维生素 D 缺乏性佝偻病活动期骨骼改变

部位	骨骼改变	好发年（月）龄
头部	颅骨软化，前囟边缘较软，颅骨薄	3~6 个月
	颅骨中央出现骨样组织堆积，出现方颅	7~8 个月
	头围、前囟增大，前囟闭合延迟	>1.5 岁
	乳牙萌出晚且颗数较少	满 13 个月仍未出牙
胸部	肋骨串珠：肋骨与肋软骨交界处由于骨样组织的堆积而出现膨大，呈圆形凸起，如串珠状排列，称为肋骨串珠	1 岁左右
	肋膈沟：膈肌附着处的肋骨由于长期受到膈肌牵拉而内陷，形成一条肋骨走向的凹陷，称为肋膈沟	
	鸡胸、漏斗胸：肋骨与胸骨相连处软化内陷，导致胸骨向外凸起，形成鸡胸；若胸骨向内凹陷，则形成漏斗胸	
四肢	手镯、足镯：手腕、脚踝由于骨样组织堆积形成钝圆形环状隆起	>6 个月
	O 形腿（严重膝内翻）、X 形腿（严重膝外翻）	1 岁左右
脊柱	后凸、侧弯	学坐后
盆骨	扁平骨盆	

2）营养性维生素 D 缺乏性手足搐搦症

婴幼儿缺乏维生素 D 时，血清钙浓度下降而甲状旁腺代偿性功能不足，低血钙症状不能恢复，神经肌肉兴奋性会提高，导致患儿出现手足搐搦的症状。患儿血清钙在 1.75~1.88 mmol/L 时，可不出现典型症状，但可通过刺激神经肌肉引出特殊体征。血清钙低于 1.75 mmol/L 时，患儿可出现惊厥、手足搐搦和喉痉挛三大典型症状。以上病症多发生于未满 6 个月的婴儿。

2. 病因

维生素 D 缺乏症的根本原因是婴幼儿体内维生素 D 不足，任何影响维生素 D 的获取和代谢过程的因素，都可能引起维生素 D 缺乏，主要原因有以下五个方面。

（1）围生期维生素 D 储备不足：如果母亲在怀孕期间，尤其妊娠后期维生素 D 缺乏，或者出现早产、双胞胎等情况时，都易导致新生儿体内维生素 D 储备不足。

（2）日照不足：人体内的维生素 D 主要来自皮肤的光照合成，若婴幼儿缺乏室外活动，日照不足，会引起自身合成的维生素 D 减少。

（3）维生素 D 需要量增加：婴幼儿在早期生长速度较快，尤其早产儿和双胎婴儿出生后生长发育代偿性加快，容易出现维生素 D 缺乏。

（4）维生素 D 摄入不足：由于天然食物中维生素 D 含量较少，母乳中维生素 D 含量也不高，若婴幼儿同时缺乏户外活动，自身合成的维生素 D 不足，即使母乳喂养、饮食均衡，仍易导致缺乏维生素 D。

（5）疾病及药物影响：胃肠道和肝胆疾病会影响维生素 D 的合成和吸收，比如慢性腹泻、婴儿肝炎综合征。某些药物也会影响维生素 D 的代谢，如抗惊厥药苯巴比妥、苯妥英钠和糖皮质激素等。

3. 预防措施

（1）孕期补充维生素 D：孕妇注意补充富含维生素 D、钙、磷和蛋白质的食物，增加户外活动，多晒太阳。防止妊娠期并发症，孕妇如患有低钙血症或骨软化症则应积极治疗。妊娠后期 3 个月每日可补充维生素 D 800~1 000 IU，同时补充钙剂。孕妇遵医嘱补充维生素 D 可避免早产儿或多胞胎因先天储备不足导致的维生素 D 缺乏的情况。

（2）出生后补充维生素 D：母乳中钙磷比例适合，有利于维生素 D 和钙的代谢，母乳喂养可减少维生素 D 缺乏症的发生。新生儿自出生后第 2 周开始，每日补充维生素 D 400~800 IU，早产儿、低体重儿、双胞胎每天补充维生素 D 800~1 000 IU。婴儿发育过程中应及时添加富含维生素 D 的辅食，断奶后应培养幼儿良好的饮食习惯，避免偏食、挑食。

4. 居家照护

（1）增加户外活动：照护者定期陪同患儿进行户外活动，使日光照射皮肤，从而增加内源性维生素 D 的获得。冬季时，进行户外活动应在注意保暖的前提下暴露皮肤，使皮肤接受阳光照射，每天保证 1~2 小时的户外活动；室内活动时，开窗保持紫外线能够照射室内。夏季宜选择光线不强时活动，防止阳光对眼睛造成损伤，如在清晨和傍晚进行户外活动，并注意戴帽子或护目镜。

（2）遵医嘱补充维生素 D：婴幼儿可通过口服和肌注补充维生素 D，照护者需遵医嘱定时给予维生素 D 制剂，剂量务必按照规定补充，避免维生素 D 过量中毒，如患儿出现恶心、厌食、烦躁不安、体重下降和顽固性便秘等情况时，应停用维生素 D，并及时就医。

（3）饮食护理：规律性为患儿及时补充富含维生素 D、钙、磷和蛋白质的食物，如动物肝脏、蛋黄、乳类、肉类及绿叶蔬菜等。

（4）预防感染：维生素 D 缺乏症患儿免疫力低，易出现感冒等疾病。秋冬季节应注意保暖，避免公共场所聚集。室内宜通风保持空气清新，温湿度适宜和阳光充足。减少和外部人员的接触，照护者接触患儿之前要洗手，避免交叉感染。

（5）惊厥及喉痉挛紧急处理：因维生素 D 缺乏导致手足搐搦症患儿出现惊厥时，照护者应立刻将患儿就地平卧，松开领口或包被，将患儿头偏向一侧，颈部伸直，头后仰。当出现喉痉挛时立刻将患儿舌头拉出口外，及时用手指清除口鼻分泌物，保持呼吸道通畅，如患儿已出牙，可以在其上下门齿之间放置软垫，以免舌头被咬伤。

（6）预防骨骼畸形及骨折：患儿应避免久坐、久站、早站、早行走，以防对下肢造成压力而导致骨骼畸形。照护者应轻柔牵扯婴幼儿，用力牵拉婴幼儿手臂易造成脱臼或骨折。对于出现骨骼畸形的婴幼儿，可在康复医师指导下进行家庭康复训练。下肢畸形可进行肌肉按摩，如对 O 形腿可按摩外侧肌肉，X 形腿可按摩内侧肌肉。若畸形较严重，可至正规医疗机构进行外科手术矫正。

（二）蛋白质 - 能量营养不良

1. 常见症状

不同类型蛋白质 - 能量营养不良的患儿临床表现不同。消瘦型患儿主要表现为体重下降、皮肤弹性下降、生长发育迟缓；水肿型患儿主要表现为水肿、皮肤脱屑、红斑、过度角化或色素沉着。两种类型患儿均会出现暴躁或冷漠、反应迟钝、精神欠佳的精神系统症状，同时可伴随其他各系统功能低下引起的相应症状。混合型则以上所有症状兼而有之。

2. 病因

任何影响营养获取和代谢过程的因素，都可能引起蛋白质 - 能量营养不良，但主要原因有以下三个方面。

（1）喂养不当：喂养不当是我国婴幼儿营养不良的主要原因。婴儿期营养不良的常见原因有母乳不足且未及时补充奶粉或者未及时添加辅食等。幼儿期营养不良的主要原因是没有养成良好的饮食习惯，如幼儿长期挑食、偏食，常吃零食等。

（2）疾病因素：婴幼儿期消化系统发育尚不完善，消化功能不稳定，常出现腹泻等疾病，影响食物的消化和吸收，排泄损失能量过多，这也是导致婴幼儿营养不良的原因之一。急慢性传染病，严重的心、肝、肾疾病造成营养元素吸收不足或消耗过度，也会导致营养不良。

（3）先天不足：早产儿、双胞胎、多胞胎、低体重儿等常有先天性的营养不足，并且婴幼儿期生长发育速度较快，其营养元素需要量增加而摄入量不能满足生长的需要从而导致营养不足。

3. 预防措施

（1）合理喂养：母乳是婴儿天然的最佳食物，若母乳充足，添加辅食合理，则婴儿很少发生营养不良。婴儿 6 个月之后需及时添加辅食，对母乳不足或无法母乳喂养的，应选择合适的配方奶粉来进行混合喂养或纯奶粉喂养，并严格按照比例冲泡奶粉，根据婴幼儿体重给予充足的量。

（2）预防疾病：照护者应注意喂养过程中的食品、食具和个人卫生，预防腹泻发生。

严重心、肾疾病的患儿应及时治疗。合理安排婴幼儿的生活作息，保障睡眠，养成良好的饮食习惯，适当地进行体格锻炼，增强体质。

（3）良好的卫生习惯：婴幼儿宜使用单独的餐具，及时清洗、消毒，降低胃肠道疾病的发生率。

4. 居家照护

（1）饮食护理：母乳喂养的婴幼儿，可继续母乳喂养。调整饮食时应遵循由少到多、由稀到稠、循序渐进的原则添加营养食物，以防给患儿的胃肠道造成负担。

（2）体重测量：体重可直接反映婴幼儿营养状况，也可反映营养不良患儿饮食调整的效果。照护者宜每周测量、记录患儿体重，利用生长发育曲线图等观察体重逐渐恢复正常。若出现身长异常，也应定期测量、记录身长。

（3）预防并发症：患儿常见并发症有缺铁性贫血、低血糖、感染和维生素 A 缺乏。照护者应及时为营养不良患儿添加富含维生素和矿物质的辅食，防止缺铁性贫血和维生素 A 缺乏。注意观察患儿有无铁元素缺乏的情况，如出现异食癖、地图舌等。注意观察患儿皮肤情况，保持皮肤清洁干燥，防止皮肤破损。照护者应在每餐后帮助患儿清洁口腔，避免溃疡。营养不良患儿常发生感染，天气变化时应注意做好保暖工作，避免受凉感冒；流感季节避免外出到人多的地方，以免交叉感染。

（三）婴幼儿肥胖症

1. 常见症状

（1）体格生长指标异常：婴幼儿肥胖症是通过将其体重与同性别、同身高的参照人群均值对比后做出诊断的，超过同性别、同身长婴幼儿均值的 10%~19% 为超重；超过 20%~29% 为轻度肥胖；超过 30%~49% 为中度肥胖；超过 50% 为重度肥胖。通常肥胖症患儿的 BMI 也会超过同龄儿水平（BMI 是评价肥胖的一个指标）。

（2）皮下脂肪丰满：肥胖症患儿皮下脂肪丰满，均匀分布于全身各处，严重肥胖症患儿胸腹部、臀部及大腿皮肤可出现类似妊娠纹的皮纹。

（3）食欲旺盛：肥胖症患儿通常食欲旺盛，并且偏爱高热量的食物。

（4）肥胖—换气不良综合征：过度肥胖的患儿常有疲劳感，运动后容易出现气促，原因是脂肪堆积限制了患儿胸廓和膈肌的活动，肺通气换气不良，患儿会出现低氧血症、红细胞增多、发绀，严重者会引发心力衰竭而导致死亡。

2. 病因

任何影响能量的获取和代谢过程的因素，都可能引起肥胖症，但主要原因有以下四个方面。

（1）能量摄入过多：热量摄入过多导致体内脂肪增加是引起肥胖症的重要原因。肥胖症患儿如果过量食用高糖、高蛋白及高脂肪的食物，如炸鸡和巧克力等，多余的能量会被机体以脂肪的形式储存起来，因此造成机体肥胖。

（2）活动量不足：由于现代交通工具发达且方便，部分人群运动量大大减少，热量的消耗低于摄入，逐渐形成脂肪堆积而导致肥胖。

（3）遗传因素：父母双方均较为肥胖的儿童患肥胖症的概率较普通儿童更高。

（4）心理因素：有的人情绪较差时，如焦虑、烦躁、压力过大，可能会影响机体内分泌及代谢水平。部分人会把吃东西当作宣泄方式，过多进食导致摄入的热量增加，从而导致肥胖。

3. 预防措施

（1）合理喂养：提倡母乳喂养，及时添加辅食，保证营养均衡，纠正挑食偏食。饮食忌高糖高脂肪食物，多摄入蔬菜、水果等低热量食物。照护者需学习健康的喂养方式，避免过度喂养，培养婴幼儿良好的饮食习惯。

（2）定期进行体格检查：带婴幼儿定期前往妇幼保健机构或社区卫生服务中心进行生长发育的监测，或使用生长发育曲线图等动态监测婴幼儿体重、身长等体格生长指标，及早发现肥胖的趋势并通过合理喂养进行干预和纠正。

4. 居家照护

（1）饮食管理：对于用人工配方奶粉喂养的婴儿，照护者应注意冲泡合理比例配方的奶粉，以避免奶粉包含热量过高。对于可以添加辅食的患儿饮食应以低脂肪、低糖和高蛋白、高维生素的食物为主，食物种类要丰富，比例要合理。患儿应避免摄入碳酸饮料、零食、蛋糕等高热量食物。

（2）增加运动量：增加运动量可以有效促进脂肪的分解和能量的代谢。照护者通过辅助肥胖症患儿进行被动运动，或通过游戏、玩具等引导患儿增加运动量。患儿自主运动能力发育完全后，应增加患儿的户外运动量，逐步提高运动时长和运动强度，运动量以运动后不感疲劳为宜。

（四）缺铁性贫血

1. 常见症状

（1）贫血貌：缺铁性贫血患儿一般皮肤黏膜苍白，其中唇部、口腔黏膜、甲床及手掌最为明显，重度患者皮肤呈蜡黄色。长时间贫血的患儿易疲倦，毛发干枯、体格发育较迟缓。

（2）神经系统异常：表情呆滞、易激动、好哭闹、对周围事物不感兴趣是缺铁性贫血患者的症状，患儿缺少儿童应有的活泼天性；严重者反应迟钝、注意力不集中、理解力下降且记忆力差，智力与健康同龄儿相比有明显差异。

（3）消化系统表现：患儿可出现食欲不振、身高和体重增长减慢、舌乳头萎缩、胃酸分泌减少及小肠黏膜代谢紊乱等症状，甚至可能出现爱吃泥土等异食癖。

2. 病因

体内铁的吸收和排泄失衡，体内铁含量减少是引起缺铁性贫血的原因。铁摄入不足、需求过多、丢失过多、吸收和利用障碍都会导致缺铁，体内铁含量减少的主要原因有以下五个方面。

（1）先天储铁不足：如果婴儿是早产儿或者双胎儿、多胞胎，通过母体胎盘向婴儿输送的铁含量可能会先天不足，婴儿体内铁含量较低因而引起缺铁性贫血。若母体怀孕期间本身缺铁，也会造成婴儿体内铁的储备不足，导致缺铁性贫血。

（2）铁摄入量不足：一般4~6个月的婴儿开始添加辅食，如果单纯母乳喂养时间过长，婴儿到6个月后还不添加辅食，可能会因为营养摄入不足而出现缺铁性贫血。可以先给婴儿食用添加强化铁的米粉，之后逐渐给婴儿添加蛋黄，可以预防缺铁性贫血；

（3）生长发育快：婴幼儿在早期生长速度较快，尤其早产儿和双胎婴儿出生后生长发育代偿性加快，容易出现铁缺乏。

（4）铁吸收障碍：食物搭配不合理可影响铁的吸收，慢性腹泻也可以造成铁吸收不良。

（5）疾病影响：胃肠道和肝胆疾病会影响铁的合成和吸收，比如慢性腹泻等。

3. 预防措施

（1）合理喂养：注意婴幼儿的饮食搭配要合理，培养良好的饮食习惯。提倡母乳喂养，及时添加辅食，补充含铁配方米粉、蛋黄等食物。早产儿、双胞胎和低体重儿，出生后2周即可按医嘱给予铁剂预防贫血。

（2）孕期补铁：孕妇应合理饮食，注意添加含铁丰富的食物，合理安排休息和运动，预防早产，防止出现婴幼儿先天储备铁不足。

（3）定期体检：照护者应按规定时间带婴幼儿至社区卫生服务中心进行健康检查，观测婴幼儿血液检查指标，及时发现贫血并进行治疗。

4. 居家照护

（1）休息与活动：保持患儿居住的室内温度湿度适宜，空气流通。轻度贫血患儿一般不需卧床休息，可安排患儿做喜欢的力所能及的活动，但避免剧烈运动，以免体力消耗过度，出现心悸、心动过速、气促等情况。贫血程度较重的患儿宜多休息，适量运动，减少机体耗氧。

（2）饮食护理：培养患儿良好的饮食习惯，为不同年龄段的患儿，有针对性地合理食用瘦肉、蛋类、鱼、动物肝脏、豆类、动物血、含铁性植物等富含营养、含铁质丰富的辅食，注意饮食搭配合理，纠正患儿偏食挑食的不良习惯。

（3）用药指导：缺铁性贫血患儿可以通过口服铁剂补充机体铁元素。口服铁剂应从小剂量开始，若患儿产生明显不良反应，可调整至饭后服用，3~4天后改为两餐之间服用，利于吸收。含维生素C丰富的果汁与口服铁剂同服可促进铁剂吸收，口服铁剂不可与牛乳、钙片、茶或咖啡同服。铁剂直接饮用会染黑牙齿，可用吸管给患儿喂服，服用后应为婴幼儿清洁口腔。

（4）预防感染：患儿居室每日定时通风2次以保持空气新鲜。对于重度贫血患儿需保护性隔离，减少前往公共场所，外出宜佩戴口罩。重度贫血患儿应避免与患有其他感染性疾病的人接触，防止交叉感染。患儿的皮肤需定期清洁，内衣裤、尿布等贴身物品需勤洗勤换，培养患儿饭前便后洗手的良好卫生习惯。照护者需每天用生理盐水为患儿漱口，以预防舌炎和口炎。

（五）急性上呼吸道感染

1. 常见症状

（1）发热：不同程度的发烧，低烧或高烧均可能出现。

（2）呼吸道的症状：流鼻涕（早期可能为清水样，逐渐转为白色黏稠的，或者黄色脓鼻涕）、鼻塞、打喷嚏、咽部疼痛、声音嘶哑、咳嗽、咳痰、喘息。

（3）其他表现：食欲下降、乏力、腹痛、腹泻、头痛、头晕等。由于婴儿年龄小，临床症状可能不是很典型，有些仅表现为食欲下降、乏力。

2. 病因

鼻病毒、合胞病毒、流感病毒、副流感病毒、腺病毒、冠状病毒、柯萨奇病毒等都是导致急性上呼吸道感染的主要原因。病毒感染后也可继发细菌感染。

3. 预防措施

（1）做好婴幼儿的防护：感冒高发季节，照护者和婴幼儿应尽量不去或少去人多、封闭的公共场所，外出回来后要洗手；教育婴幼儿不要用手揉搓眼睛、鼻子和嘴巴。集体性质的儿童机构中如有流感趋势，应加强室内清洁消毒。秋、冬寒冷季节应避免婴幼儿与他人接触，尤其应避免上呼吸道感染者的来访。婴幼儿居住的环境应阳光充足，经常开窗通风，保持室内整洁和空气流通，天气变化时要及时增减衣物。睡眠时避免着凉，避免对流风直吹。避免活动后大量出汗受凉，出汗后应及时用干毛巾擦干身体并更换衣物。

（2）增强体质：提倡母乳喂养以提高婴幼儿对呼吸系统疾病的免疫力。及时添加辅食，营养均衡，注重蛋白质的补充，纠正挑食偏食的不良习惯。照护者应定期带婴幼儿进行户外活动，多晒太阳，适度进行体格锻炼，提高抗病能力。流感高发季节来临之前，可考虑接种流感疫苗。

4. 居家照护

（1）环境调节：感冒患儿居家时应定时开窗通风以保持室内空气清新。保持室温在18~22℃，湿度在50%~60%。患儿休息时宜保持室内环境安静，光线不宜过亮。减少人员探视患儿，避免交叉感染。

（2）皮肤黏膜护理：保持患儿口腔清洁，每次饭后可以喂少量温开水或用棉签进行清理。感冒常发生于秋、冬寒冷和干燥季节，患儿口唇部可涂抹润唇膏等避免干燥、破损。及时清理患儿鼻腔分泌物，保持鼻孔内外皮肤黏膜湿润、清洁，鼻孔周围可涂抹油脂以防经常擦鼻涕造成鼻部皮肤损伤。

（3）发热护理：感冒患儿常发生急性高热，必须密切监测患儿体温，每间隔4小时对患儿测温并记录体温，保持婴幼儿衣被宽松以利于散热。高热患儿应卧床休息，每1~2小时测温一次。照护者可用32~34℃的温水擦浴或冷敷等方式退热，处理后1小时重测体温。

（4）用药护理：患儿鼻塞严重会影响睡眠和哺乳，可遵医嘱使用0.5%麻黄碱液滴鼻。为保持患儿鼻腔畅通，照护者可使用毛巾热敷患儿鼻额区，按摩迎香穴。若患儿咽部充血不适，照护者可遵医嘱予以适量润喉片缓解。在为患儿服用美林等退热药物时应严格按照说明书，避免使用过量。

（5）饮食护理：应保证患儿摄入充足的营养和水分。为患儿提供清淡、易消化的食物，不宜服用生冷、油腻、刺激性食物。鼻塞严重的患儿可少量多餐，为婴儿哺乳时为避免发生呛咳，可保持患儿头部抬高，或使用小勺或吸管耐心喂养。

（6）预防并发症：照护者应密切观察患儿出现的各种症状，如发热、咳嗽的性质和程度，及早发现支气管炎、肺炎等早期症状，注意观察其口腔和咽部有无疱疹、充血、化脓情况，若有应及时就医。高热患儿常可出现惊厥发作，照护者应了解惊厥的紧急处理方法。

（六）支气管肺炎

1. 常见症状

婴幼儿肺炎最为常见的是支气管肺炎，其主要症状包括体温改变、咳嗽、呼吸改变等，严重者还会影响循环、神经和消化系统。

1）典型症状

发热：患儿早期体温可达 38~39℃，严重者达 40℃。新生儿或者重度营养不良的患儿，体温也可能不升高甚至会低于正常体温。

咳嗽：一般患儿早期会发生很明显的咳嗽症状。弱小的婴幼儿咳嗽症状不是很明显。

气促：在发热、咳嗽的症状后，严重的患儿还会发出呻吟声或者出现鼻翼翕动、口唇和手指末端发绀等症状。

2）伴随症状

支气管肺炎发病急骤或迟缓，骤发时伴有呕吐，烦躁及喘憋等症状，发病前可能已有数天的轻度上呼吸道感染。新生儿可不发热或体温不升，弱小婴儿大多起病迟缓，发热不高，常见呛奶、呕吐或呼吸困难等症状，呛奶显著时，喂奶时可由鼻孔溢出。

患儿呼吸时伴随呻吟声，或出现发绀，呼吸和脉搏的比例自 1：4 上升为 1：2 左右。婴儿呼吸时呈点头状和三凹征，呼气时间延长，有些患儿头向后仰，以便较顺利地呼吸。

3）其他症状

精神不振：主要表现为情绪低落、兴趣减低、睡眠差等。

食欲减退：主要表现为食量减少，严重者出现厌食。

烦躁不安：主要表现为焦虑、紧张、有睡眠障碍等。

腹泻或呕吐：主要表现为拉肚子、肠胃不适等。

2. 病因

婴儿患支气管肺炎最常见的原因为细菌或病毒感染，也可由病毒和细菌混合感染。病原体常由呼吸道入侵，少数经血行入肺。当小儿存在基础疾病或免疫力低下时，病原体更容易入侵人体，导致支气管肺炎的发生。

1）主要病因

气管管径小，因此空气阻力大。以空气力学而言，小儿远端支气管占整个肺部空气阻力的比例较大，因此一有毛病，呼吸就显得格外费力，从而导致支气管肺炎。

婴儿气管软骨及平滑肌发育不健全，病变后塌陷，会造成呼吸阻力从而形成支气管肺炎。

鼻病毒、流感病毒、腺病毒和呼吸道合胞病毒感染是引起儿童支气管肺炎最常见的致病病毒。

植物神经功能失调，当呼吸道副交感神经反应增高时，对正常人不起作用的微弱刺激，可引起支气管收缩痉挛，分泌物增多，而产生咳嗽、咳痰、气喘等症状。

2）诱发因素

外在因素：通风较差及空气严重污染的环境，容易诱发婴幼儿支气管肺炎。

自身因素：先天性低体重、免疫力低下或患有免疫缺陷病、佝偻病等基础疾病的婴幼儿，在病原体入侵机体后，更容易发生支气管肺炎。

3.预防措施

（1）增强体质：营养不良、佝偻病、贫血等疾病患儿为支气管肺炎易感人群，此类患儿的照护者应注意及时带婴幼儿就医，积极治疗原发疾病。健康婴幼儿应加强体格锻炼，增强体质。婴儿期提倡母乳喂养，提高体内抗体水平。

（2）日常防护：寒冷气候注意防寒、保暖，避免公共场所内聚集，外出佩戴口罩。避免与其他患有呼吸系统疾病的患者接触，减少呼吸道感染的发生。

4.居家照护

（1）保持呼吸道通畅：通过多饮水以湿化痰液保持患儿呼吸道湿润，有利于呼吸道分泌物的排出。照护者通过为患儿定时变换体位，防止呼吸道分泌物长时间停留在固定部位而凝结。照护者通过五指并拢稍向内合掌，由下至上、由外向内轻拍患儿背部，及时帮助其清理口鼻腔分泌物。

（2）注意休息：保持患儿居室内空气清新，室温应保持在18~22℃，湿度以55%~60%为宜。患儿应卧床休息，减少活动，避免加重呼吸系统症状。被褥轻暖，穿衣宜宽松，衣领不宜过高，以免影响呼吸。患儿出现轻微腹泻时，为保持患儿臀部皮肤干洁，照护者应为患儿勤换尿布。

（3）饮食护理：患儿宜食用高热量、高蛋白、高维生素、易消化的清淡饮食，为避免引起呛咳，喂养患儿时应保持其头部抬高，少量多餐，耐心喂养。多为患儿饮水，以便痰液稀释、排出。

（4）病情观察：照护者应注意观察患儿体温、面色、意识、呼吸、咳嗽及排泄物等，及时发现症状的变化，有情况及时告知医生和护士，避免出现严重并发症。

（5）用药护理：患儿治疗过程中使用药物种类较多，照护者应注意配合医护人员，观察输液和患儿情况。患儿输液过程切忌擅自调快滴速。

（七）支气管哮喘

1.常见症状

支气管哮喘的典型症状是阵发性反复发作的咳嗽和喘息，以清晨和夜间为重。哮喘发作前伴有上呼吸道感染，呈现流涕、打喷嚏和胸闷等症状，发作时则表现为呼吸困难、三凹征等，呼气延长且伴有喘鸣。哮喘严重的患儿还会表现出端坐呼吸、大汗淋漓、面色青灰、恐惧不安等状况。婴幼儿也可在哭闹或玩闹后出现喘息，或仅有夜间和清晨咳嗽。

三凹征是婴幼儿呼吸系统疾病的常见体征之一，是呼吸困难的表现。原因是喉部、气管、大支气管因气管异物、喉水肿形成狭窄和被阻塞，导致空气不能有效进入肺内，引起肺内负压极度增高，从而形成胸骨上窝、锁骨上窝及肋间隙向内凹陷。

2. 病因

支气管哮喘的病因目前仍不完全清楚，一般认为是遗传和环境因素综合作用的结果。婴幼儿反复发生哮喘的重要原因是呼吸道病毒感染。但主要原因有以下两个方面。

（1）遗传因素：25%~50% 的哮喘患儿有遗传性的过敏体质家族史。

（2）环境因素：寒冷的空气以及空气中的尘螨、花粉、动物毛发、真菌，食物中的异体蛋白如鱼、虾、蛋、奶、花生等均可能导致哮喘。过度运动以及情绪激动如大哭、大笑、生气或惊恐等，都可导致过度通气而触发哮喘。过敏体质的婴幼儿接触过敏原也可导致哮喘。

3. 预防措施

（1）避免诱发因素：保持婴幼儿居室内空气清新和流通，室内温度和湿度应适宜。螨虫多见的春夏季室内应定期除尘以保持居室卫生，室内不宜铺地毯，定期清洗床单、窗帘，打扫卫生时婴幼儿不宜在场。保持健康卫生的空气环境，清除有害气体及烟尘，避免使用羽绒床上用品。过敏体质患儿可带至医院检查过敏原。

（2）增强体质：鼓励婴幼儿到户外活动，多晒太阳，进行体格锻炼，增强体质，还要注意饮食营养。

4. 居家照护

（1）环境卫生：保持患儿居室内空气清新、流通，设定温度为 18~22℃，湿度以 50%~60% 为宜。患儿休息时保持室内安静，避免有害气体及强光刺激，为婴儿提供良好的休息环境。

（2）饮食护理：为患儿提供高维生素、清淡流质或半流质的食物。患儿要避免食用鱼、虾、蛋等可能诱发哮喘的异种高蛋白食物。患儿食物宜清淡，不宜食用过甜、过咸的食物，同时避免患儿吃得过饱。

（3）病情观察：细心观察患儿的健康情况，学会辨别哮喘早期发作的症状，如鼻、眼部发痒，打喷嚏、流涕或咳嗽等。记录每次哮喘发作的时间、持续时间、特点、发作的季节、可能的诱因及伴随症状。

（4）用药护理：遵医嘱正确使用支气管扩张及糖皮质激素类药物，一般在家庭中以吸入治疗为主。使用喷药前应充分摇匀，再按压喷药于患儿咽喉部，照护者需使患儿闭口屏气 10 秒钟后再用鼻呼气，最后用清水漱口。

（八）腹泻

1. 常见症状

1）典型症状

（1）大便次数增多和性状改变：每天大便次数甚至可达 10 次，性状可为稀便、稀水样便、黏液样便、胶冻样便，甚至伴有脓血，不同病因所致腹泻大便性状各不相同。

（2）食欲下降，患儿吃奶差甚至拒奶，同时伴有呕吐、精神萎靡等症状。

（3）哭闹不安。

2）伴随症状

部分患儿可出现低热、呕吐及哭闹不安等，严重者可出现脱水、酸碱失衡及电解质紊乱、尿少、嗜睡等。病程长或迁延不愈者会出现明显消瘦、营养障碍及喂养困难等情况。

重型腹泻多伴有水电解质及酸碱平衡紊乱，呕吐、腹泻可导致体内体液丢失和摄入量不足，使体液总量尤其是细胞外液减少，导致不同程度（轻、中、重）的脱水。腹泻患儿丧失的水和电解质比例不尽相同，故可造成等渗、低渗或高渗性脱水，前两者多见。甚至可出现眼窝、囟门凹陷，尿少、泪少，皮肤黏膜干燥、弹性下降，休克。

重型腹泻的同时还常出现代谢性酸中毒、低钾血症等离子紊乱，患儿可出现精神不振、唇红、呼吸深大、精神不振、呼出气凉而有丙酮味（烂苹果味）等症状，但小婴儿症状可不典型。腹泻时还可合并低钙血症和低镁血症，腹泻患儿进食少，吸收不良，因大便丢失钙、镁离子，使体内钙、镁离子减少，此症在活动性佝偻病和营养不良患儿中更多见。但脱水、酸中毒时，由于血液浓缩、钙离子增多等原因，不出现低钙的症状，待酸中毒纠正后会出现低钙症状（手足抽搐和惊厥）。轻、重型腹泻主要鉴别点详见表6-6。

表6-6　轻、重型腹泻的主要鉴别点

类型	轻型腹泻	重型腹泻
常见原因	喂养不当、气候因素或肠道外感染	肠道内感染
发热	一般发热不明显	体温可达40℃
大便次数	增多，每日一般不超过十次	每日十余次至几十次
大便性状	稀薄或带水	黄绿色水样或蛋花汤样
呕吐	偶有，不频繁	频繁
其他	—	常出现不同程度脱水、电解质紊乱、酸碱平衡失调，甚至休克等严重表现

2. 病因

婴幼儿发生腹泻的主要原因有以下三个方面。

1）易感因素

一方面，由于婴幼儿体内胃酸、消化酶等分泌量少且活性低，血清免疫球蛋白及抗体含量低，不具有稳定的肠道功能；另一方面，其生长发育处于高峰期，身体对食物和水分需求量大以及食物转换等因素，更易导致婴幼儿发生胃肠道功能紊乱及感染。除此以外，配方奶等代乳品中抗体、乳铁蛋白等抗肠道感染的物质较母乳含量低，配乳过程中奶粉和奶具更易受污染，因此用人工配方奶粉喂养的婴幼儿更容易发生腹泻。

2）感染因素

肠道内感染：肠道内感染是指通过污染的食物、水，或是婴幼儿的手、奶具及食具等进入消化道的病毒和细菌等病原体引起的肠道感染。寒冷季节的婴幼儿腹泻大多由病毒感染引起，最为常见的是轮状病毒引起的秋冬季腹泻；细菌引起的腹泻最为常见的原因是大肠埃希杆菌感染。

肠道外感染：肠道外感染是指发生在婴幼儿胃肠道外的疾病，如中耳炎、感冒、肺炎等，常伴随轻微腹泻症状。主要由发热及病原体毒素作用引起消化功能紊乱，或引起前述疾病的病原体同时感染肠道所致。

3）非感染因素

喂养不当：喂养不定时，过早添加淀粉、脂肪类食物或饮食中纤维素、果糖含量过高等不当饮食方式等皆可引起腹泻。

气候因素：天气过热或气候转凉等天气原因可引起婴幼儿胃肠道功能改变，从而导致婴幼儿腹泻。

3. 预防措施

（1）合理喂养：提倡母乳喂养，循序渐进添加辅食、食物转换合理，适时调整辅食与奶量，避免夏季断奶。使用人工配方奶粉喂养的婴幼儿需按要求科学配乳。

（2）饮食卫生：为婴幼儿选择卫生的食物并保证进食过程的卫生。

（3）增强体质：婴幼儿应适当进行户外活动，加强锻炼；与此同时，应特别注意在夏季和秋冬季这些胃肠道疾病高发时期，适当增减衣物，减少聚集。为预防轮状病毒引起腹泻，也可为婴幼儿接种轮状病毒疫苗。

4. 居家照护

（1）饮食护理：腹泻且伴有严重呕吐的患儿，应暂停进食4~6小时，但不应停止水分摄入。呕吐减轻后，再进行饮食调整。没有呕吐的腹泻患儿，应根据喂养方式进行相应的饮食调整。母乳喂养的患儿可继续喂母乳，但应减少喂乳次数并缩短每次喂乳时间，停喂新的辅食，待病情痊愈后再重新添加。人工配方奶粉喂养的患儿应暂停乳类摄入，改喂米汤、酸奶、豆浆等，大便次数减少后可喂稀粥、烂面条等流质、半流质食物，少量多餐，防止摄入过多加重胃肠道负担，等病情好转后过渡至正常饮食。

（2）臀部护理：腹泻后，其尿布应更换成吸水性强、透气性好、柔软的材质并勤更换。照护者应随时查看患儿是排便情况，排便后及时用温水清洗患儿臀部并擦干。若臀部皮肤发红，可涂擦5%鞣酸软膏或40%氧化锌油，促进局部血液循环；若已经发生臀部皮肤破损、糜烂，清洁后可暴露在空气中或阳光下，促进愈合。

（3）用药护理：为防止患儿脱水可采用口服或静脉补液方法。脱水症状不严重的患儿可口服以1 000 mL温开水溶解的补液盐，24小时内喂服完毕。重型腹泻婴幼儿常需静脉补液，输液量大、时间长，注意告知照护者在输液过程中切忌私自调快滴注速度。

（4）病情观察：注意观察并记录婴幼儿大便的次数、颜色、量以及性状变化。婴幼儿若出现发热，应注意按时测量、记录体温，体温过高者及时采取温水擦浴或药物降温。

（九）湿疹

1. 常见症状

婴儿期约60%的患者在1岁以内发病。面颊部是湿疹最早出现的部位，严重者皮损可扩展至其他部位，且扩散速度快。可出现瘙痒性红斑，其后在红斑部位形成多数细小丘疹、丘疱疹，严重时出现小水疱。疹子常融合成片，边界不清楚，形状不规则、呈多形性。随着炎症进一步发展，水肿加剧，皮损周边的丘疱疹逐渐稀疏，常因挠抓、摩擦而糜烂，伴有明显的黏稠渗液，久之形成黄色痂。

幼儿期的湿疹多为婴儿期症状缓解 1~2 年后发生并逐渐加重，少数为婴儿期延续发生。主要累及四肢屈侧或伸侧，如肘窝、腘窝等处，其次为眼睑、颜面和颈部。肤病变部位呈暗红色，渗出较轻，但瘙痒仍非常强烈，幼儿常伸手挠抓形成继发皮损，久之形成苔藓样变。

2. 病因

（1）遗传因素：研究发现，患有湿疹的父母其子女发病率明显增高。

（2）环境因素：环境中的过敏原（如花粉、屋尘、螨虫等）等可诱发疾病。

3. 预防措施

（1）合理喂养：提倡母乳喂养。母乳中含有婴幼儿所必需的免疫物质，母乳中含有的过敏原较少，能够有效地减少因过敏引发的湿疹。婴幼儿辅食的添加应遵循规律。

（2）严格选择婴幼儿生活用品：婴幼儿的衣被枕、围兜、洗漱用品、玩具等密切接触皮肤的物品，应选择安全、不易过敏的材质。

（3）注意清洁卫生：婴幼儿的居室勤打扫，以避免灰尘堆积。定期清洗衣物、棉被等纺织品，并在太阳下暴晒，以防螨虫滋生。保持面部、会阴部等较多液体浸泡部位的透气、清洁。出汗时及时擦净，保持婴幼儿皮肤清洁、卫生。

4. 居家照护

（1）用药护理：湿疹治疗使用的一线药物为外用糖皮质激素类，此外，他克莫司软膏、吡美莫司乳膏也有较好疗效。对有明确感染病灶或皮损合并感染时，可能需要使用抗生素。外用药物治疗时需注意强度、剂量、疗程足够。为避免进一步感染，照护者应清洁双手后或使用干净棉签涂抹湿疹药物。将药膏薄薄地均匀涂敷于皮肤患处并轻轻揉擦，不宜使用较大力量以免引起患儿不适或撕破痂皮，应遵医嘱定期定时足量用药。

（2）皮肤护理：对于小毛巾、口水巾、手帕等贴身衣物或接触面部的纺织品，应以柔软、宽松的浅色棉质为宜，以免局部皮肤摩擦和闷热。禁用肥皂等刺激性洗漱产品，防止皮损加重。患儿洗澡时，水温不宜过高，浴后使用润肤剂保持皮肤湿润，促进皮肤屏障功能的恢复。应为患儿戴上手套避免用手抓挠皮损部位形成的痂皮，同时可使用植物油擦拭清除皮损部位。若患儿头部有湿疹，可为其戴上帽子。此外，还要避免强光长时间的照射患儿，阳光强烈时应减少外出。

（3）饮食护理：在营养满足需求的基础上，患儿饮食应以清淡、易消化为宜，同时注意水分补给，避免食用鱼、虾、牛羊肉等易致过敏的食物，以及辛辣刺激性食物，以避免发生便秘、腹泻等。喂养时应注意尽量不要让食物从患儿嘴角漏出，防止沾染病变处皮肤，引发疼痛或不适。

（4）其他：照护者应注意保证患儿充分休息，尽量避免瘙痒等不适带来睡眠问题而引起生长发育的异常。调节居室内的温度、湿度，防止患儿出汗引发皮肤刺激。若发病期间需要接种疫苗，则应将接种时间适当延后。

四、任务实施

根据任务要求，设定合理的知识、技能与素养目标，完成实训活页（见表6-7）。

表6-7　任务实训活页

（一）实施任务： 根据所学知识，为圆圆进行居家照护。
（二）确定组内角色及分工： 组长：　　　　　　　　　　　　　　　任务： 组员 1：　　　　　　　　　　　　　　任务： 组员 2：　　　　　　　　　　　　　　任务： 组员 3：　　　　　　　　　　　　　　任务：
（三）实施目标：
（四）实施步骤：

五、任务评价

分别从自我、组间、教师等角度对学生的任务实施过程进行点评（见表6-8）。

表6-8 任务实施评价

项目	评分标准	自我评价	组间评价	教师评价
任务完成过程（70分）	能够正确理解任务，并进行合理分工			
	能够根据任务资料，分析并制定任务目标			
	能正确为圆圆进行居家护理			
	能够通过自主学习，完成学习目标			
	积极参与小组合作与交流，配合默契，互帮互助			
	能够利用信息化教学资源等完成工作页			
	能很好地展示活动成果			
学习效果（30分）	实施目标设定合理			
	达成预期知识与技能目标			
	达成预期素养目标			
	合计			

自我评价与总结

教师评价

六、课后习题

（一）选择题

1. 患（　　）的婴幼儿可以通过到户外多晒太阳使病情得到缓解。

    A. 佝偻病　　　　　　　B. 龋齿　　　　　　　C 斜视　　　　　　　　D. 支气管肺炎

2. 治疗佝偻病的有效措施，应除下列哪项？（　　　　）

    A. 尽量母乳喂养　　　　　　　　　　B. 补充维生素 D 和钙剂

    C. 增加日光照射　　　　　　　　　　D. 多吃蔬菜、豆浆

（二）简答题

1. 缺铁性贫血的病因有哪些？

2. 简述营养性维生素 D 缺乏性佝偻病病因。

（三）思考题

    昊昊，白白胖胖的。饭量较大，主食及肉类摄入较多，蔬菜摄入较少。主食中尤其爱吃甜面包。另外，昊昊不爱喝水，只愿意喝碳酸饮料。除了日常饮食，昊昊零食摄入也较多，尤其是油炸食品及甜点。昊昊可能会发生什么情况，如何帮助昊昊维持健康体形？

任务 **6.4** 婴幼儿常用护理技术

一、任务情境

　　小明平时十分顽皮、好动，对周围事物好奇心、求知欲强。可是今天他却不和其他小朋友玩，且整个人看似没精神，反应能力差，且变得爱哭、烦躁不安。

　　假如是你带班，你会怎样的处理？

二、任务目标

　　知识目标： 理解并掌握常用护理技术知识。

　　技能目标： 掌握婴幼儿常用护理技术技巧。

　　素养目标： 在操作中关心、爱护婴幼儿，具有同理心。

三、知识储备

（一）测体温

微课
给婴儿测体温

　　测量体温用的体温计有多种类型，包括腋温计、口温计、肛温计、耳温计等。温度计不同，测得的体温和衡量的标准也不同。生活中最常用的测量方法是腋温法，婴幼儿的体温偏高，正常腋温标准为 36~37℃。同一天的不同时段，婴幼儿的体温也不同，下午和夜晚的温度相对偏高。除了腋温法外，还可采用肛门测量法、腋下测量法、口腔测量法等测量体温。

　　（1）肛门测量法：测量肛温的体温计头较圆滑且水银头较短；患儿侧卧位，尽量保持左侧卧位，患儿的膝盖应蜷曲并偏向腿部，有利于使体温计插入。将体温计缓慢沿肛门插入，通常插入 2 cm 左右，插入直肠即可。应避免插入过深，测量 5~10 分钟，正常肛温在 36.5~37.5℃。这种方法一般用于 2 岁以下的患儿。

　　（2）腋下测量法：患儿取卧位或坐位，照护者先拭去腋窝的汗液，将水银温度计水平读数调低于 35℃，将温度计的水银球一端放在患儿腋窝正中，3~5 分钟后，取出温度计读数。若患儿刚刚出过汗或晒过太阳，先擦干汗液，稍等一下再量。这种方法是最为常用的测温方法，一般用于 2 岁以上的患儿测量体温。

（3）口腔测量法：将体温计的水银端斜着放到患儿的舌下热窝处，要注意不要让患儿用牙齿咬体温表，尽量让患儿闭着口，用鼻子呼吸，三分钟后，将温度计取出，读数；然后擦拭干净。婴幼儿的口腔温度的正常值为 36.5~37.3℃。测量时间短或长都会影响温度计最终读数的准确性；若婴幼儿在吃奶、吃饭或哭闹，待婴幼儿安静 15~20 分钟后进行。

（二）测脉搏

一般情况下，脉率等于心率。因脉搏或心率会受活动、情绪等影响，故测量脉搏宜选在婴幼儿安静 30 分钟后进行。测量脉搏一般选用较表浅的动脉，桡动脉是最常选用的部位。

婴幼儿可取卧位或坐位，照护者将右手食指、中指和无名指置于婴幼儿桡动脉处，测量一分钟脉搏搏动次数，可多次测量取其平均值。正常成人脉搏在 60 次 / 分钟至 100 次 / 分钟。婴幼儿脉搏相对成人较快，新生儿脉搏在 120 次 / 分钟至 140 次 / 分钟，1~5 岁幼儿脉搏在 90 次 / 分钟至 120 次 / 分钟，6~9 岁儿童在 80 次 / 分钟至 100 次 / 分钟。

（三）给药

微课
给婴幼儿喂药

口服给药：婴幼儿的口服药宜选用儿童专用药。制剂或药粉要优于药丸，也可将药丸研磨成粉末，溶于温开水（可冲调成甜味）中喂服。

照护者将研磨的粉末溶液或制剂放在小勺内或者市售喂药器内，固定婴儿的头部，使头偏向一侧，左手捏住婴儿下巴，右手将勺尖或者喂药器头紧贴婴儿嘴角将药送服下，待婴儿将药咽下后，松开左手。需要注意的是，对于较小的婴儿，喂药往往采取灌服方法。对于年龄较大的幼儿，应鼓励其自己吃药，不宜采用灌服的方法。

滴眼药：遇到一些眼部疾病（如红眼病、结膜炎等）时，需要给婴幼儿点眼药水或者眼药膏进行治疗。

照护者将手清洗干净，检查婴幼儿眼部有无分泌物（如有分泌物应先用干净毛巾或者纱布擦拭干净），婴幼儿取仰卧位或坐位，照护者用左手食指和拇指将婴幼儿上下眼睑分开，照护者右手持药水瓶，轻轻将眼药水滴入下眼皮内，每次 1~2 滴即可，滴药时，让婴幼儿头部尽量后倾，眼睛向上看，滴完药后压迫患者泪囊几分钟。需要注意的是，常用的眼药膏一般装在软管中，点眼药膏的准备工作和眼药水相同，照护者分开婴幼儿上下眼睑后，直接将药膏挤入结膜囊内（可用玻璃棒蘸取少量软膏），用药后，让婴幼儿轻轻闭上眼睛，用手指轻轻揉匀即可。

滴鼻药：当婴幼儿患各种鼻炎、鼻窦炎以及因上呼吸道感染引起鼻塞等症状时，需使用医生指定的鼻药，以达到杀菌、消炎、通气的目的。

滴鼻药前，照护者将婴幼儿鼻涕擤干净，如果鼻腔内有干痂，可用温盐水清洗，待干痂变软后取出，滴鼻药时，婴幼儿取卧位，垫高其肩部，使其头后仰，或让婴幼儿坐在椅子上，背靠椅背，头部向后倾，照护者右手持药瓶，在距离婴幼儿鼻孔 2~3 cm 处将药液滴进鼻孔，每侧 2~3 滴，滴药后，保持原姿势 5~10 分钟，便于药物吸收，发挥效果。

滴耳药：滴耳液的温度最好与婴幼儿的体温保持一致，避免刺激内耳前庭器官。照护者可将滴耳液放入 40℃左右的温水中加热片刻或放在手心握一会。

滴耳药时，婴幼儿取侧卧位，患病的耳朵朝上（如果外耳道有脓液，应用棉签先清除脓液），照护者左手拉住婴幼儿的耳廓，使外耳道尽量明显，右手持药瓶将药沿婴幼儿外耳道壁轻轻滴入，滴入 2~3 滴即可，滴药后，婴幼儿保持原姿势 5~10 分钟，便于药物充分吸收，发挥效果。

（四）冷敷

冷敷指的是用冰块、冰袋或冷毛巾敷于额、鼻、四肢外伤等部位皮肤上，达到解热、消肿、止痛等作用。

当机体发热不超过 38℃时，可采用冷敷的方式物理降温，冷敷相对于退烧药物较为安全；当有些高热婴幼儿使用药物降温不理想时，也可采用冷敷法配合药物治疗；婴幼儿发生闭合性创伤时，24 小时之内可采取冷敷，以防止出现瘀青肿胀。

照护者可选用冷敷贴或者冷敷袋，也可采用自制冰袋（将冷水或者碎冰置于热水袋等容器中），还可用毛巾折叠成多层，置于冷水中，拧成半干状态；将冰袋或毛巾敷在婴幼儿额头上，也可敷于腋窝、肘窝、腹股沟等大血管流经处；每 5~10 分钟重复上述动作。需要注意的是，当幼儿发生闭合性创伤时，可将冰袋或毛巾敷在受伤处。若冷敷时小儿发生寒战、面色发灰，应停止冷敷。

（五）热敷

热敷指的是采用热水袋或热毛巾敷于患者慢性病痛处，通过热传导使患处皮肤温度升高，从而扩张局部血管，改善血流供应，达到缓解疼痛，促进组织愈合的目的。

当幼儿发生闭合性创伤时，24 小时以后可采用热敷，眼结膜炎也可采用热敷，一些血液循环不良的患者、局部有疼痛的患者、小儿疖肿（化脓性毛囊及毛囊深部周围组织的感染）初起时均可采用热敷。

热敷可选用热敷贴，也可将 45℃温热水置于热水袋中，还可用毛巾折叠成多层，浸透在 40~45℃的热水中，拧成半干状态；将热敷材料置于婴幼儿患处。

四、任务实施

根据任务要求，设定合理的知识、技能与素养目标，完成实训活页（见表6-9）。

表6-9　任务实训活页

（一）实施任务： 根据所学知识，为小明进行测体温、测脉搏、给药、冷敷、热敷。
（二）确定组内角色及分工： 组长：　　　　　　　　　　　　　　　　任务： 组员1：　　　　　　　　　　　　　　　任务： 组员2：　　　　　　　　　　　　　　　任务： 组员3：　　　　　　　　　　　　　　　任务：
（三）实施目标：
（四）实施步骤：

五、任务评价

分别从自我、组间、教师等角度对学生的任务实施过程进行点评（见表 6-10）。

表 6-10　任务实施评价

项目	评分标准	自我评价	组间评价	教师评价
任务完成过程（70分）	能够正确理解任务，并进行合理分工			
	能够根据任务资料，分析并制定任务目标			
	能正确测体温、测脉搏、给药、冷敷、热敷			
	能够通过自主学习，完成学习目标			
	积极参与小组合作与交流，配合默契，互帮互助			
	能够利用信息化教学资源等完成工作页			
	能很好地展示活动成果			
学习效果（30分）	实施目标设定合理			
	达成预期知识与技能目标			
	达成预期素养目标			
合计				

自我评价与总结

教师评价

六、课后习题

（一）选择题

1. 测量体温前，要将水银温度计调低于（   ）。

    A. 35℃   B. 36℃   C. 37℃   D. 38℃

2. 测量体温最好在进食（   ）后，安静状态下进行。

    A. 30分钟   B. 1小时   C. 1.5小时   D. 2小时

3. 测量脉搏常用的脉搏是（   ）。

    A. 桡动脉   B. 颈动脉   C. 股动脉   D. 肱动脉

（二）判断题

1. 小儿的体温比成人略高，且一昼夜之间有生理性波动。（   ）

2. 一般来说，物理降温必须使患儿体温降至37℃左右才可停止。（   ）

（三）简答题

1. 简述如何进行冷敷。

2. 简述如何给药。

（四）案例分析题

    小明平时十分的顽皮、好动，对周围事物有好奇心大、求知欲强。可是今天他却不和其他小朋友玩，且整个人看似没精神，反应能力差，且变得爱哭、烦躁不安。

    如何为小明测量生命体征？

项目 7

婴幼儿家庭常见意外伤害照护

家是温暖的港湾，是婴幼儿的庇护所，但同时也是危险的潜藏地。婴幼儿年龄太小，父母就是其第一道安全防线。一项"婴幼儿居家安全"调查显示：婴幼儿意外伤害事故与居家环境情况、家长不良生活习惯密切相关。

那么，如果婴幼儿出现意外伤害，如食物中毒、触电、高热惊厥、异物卡喉等，该如何进行紧急处理？在意外伤害发生后，出现意识丧失、呼吸停止等紧急情况时，如何进行心肺复苏技术？

任务 7.1 婴幼儿食物中毒的现场救护

一、任务情境

明明，男，3 岁。暑假里的一个星期天，妈妈带明明去看电影，看完电影走在回家的路上，明明说饿了，妈妈看天色已晚，就和明明在路边的小吃摊吃晚饭，晚饭后回到家里，明明在看电视的时候，因为肚子疼大哭起来，紧接着出现恶心呕吐，妈妈焦急万分，不知所措。

作为照护者，请对明明食物中毒进行现场救护。

二、任务目标

知识目标：了解并掌握常见的有毒食物。

技能目标：（1）能识别常见的有毒食物及食物中毒的临床表现。

（2）能对食物中毒进行紧急处理及预防。

素养目标：（1）敏锐地觉察婴幼儿的变化，识别食物中毒症状。

（2）重视饮食安全，确保婴幼儿身心健康。

三、知识储备

（一）婴幼儿食物中毒的类型

食物中毒的主要类型如下。

（1）细菌性食物中毒。属于临床常见食物中毒类型，由食材保存不当、烹调不当、生熟没有分开或食用隔夜的剩饭、剩菜等导致。通常在夏秋季发病，因为在高温、高湿环境下，食物容易滋生细菌，主要以腹痛、腹泻、恶心、呕吐等消化道症状为主。虽然发病率较高，但预后比较好，经过治疗后在 2~3 天均能明显缓解。

（2）真菌性食物中毒。主要见于腐败、变质的食物中，且真菌通过普通的烹调方法不易清除，如霉变的甘蔗、花生或玉米等。

（3）化学性食物中毒。主要是误食被农药污染的食物而导致的农药中毒，或者饮用假酒导致甲醇中毒，或误饮、误食工业用盐导致亚硝酸盐中毒，或误食家庭常见物品等。

（4）动物性食物中毒。主要见于动物性食品引发的中毒，常见食用河豚后导致河豚毒素中毒。

（5）植物性食物中毒。常见毒蘑菇中毒、曼陀罗中毒，还有木薯中毒等。

此外，还包括原因不明性食物中毒，加上述五类均属于食物中毒。

（二）食物中毒的临床表现

虽然食物中毒的原因不同，症状各异，但一般都具有如下流行病学和临床特征。

（1）潜伏期短，一般由几分钟到几小时，食入"有毒食物"后于短时间内几乎同时出现一批病人，来势凶猛，很快形成高峰，呈暴发流行。

（2）病人临床表现相似，且多以急性胃肠道症状为主。

（3）发病与食入某种食物有关。病人在近期同一段时间内都食用过同一种"有毒食物"，发病范围与食物分布呈一致性，不食者不发病，停止食用该种食物后很快不再有新病例。

（4）一般人与人之间不传染。发病曲线呈骤升骤降的趋势，没有传染病流行时发病曲线的余波。

（5）有明显的季节性。夏秋季多发生细菌性和有毒动植物食物中毒；冬春季多发生肉毒中毒和亚硝酸盐中毒等。

食物中毒具体表现为恶心、呕吐、腹痛、腹泻、发热、脱水、休克、代谢性酸中毒等。

（三）发生食物中毒的紧急处理

食物中毒的处理原则：①停止进食，留样待测。当怀疑食物中毒时，应立即停止继续进食，并妥善保存所食用食物。②迅速判断，分类处理。对发生中毒的轻症患儿可采用催吐法紧急处理，帮助尽快排出有毒物质，重症患儿应立即送往医院救治处理。

食物中毒的紧急救治办法，可概况为：催吐、洗胃、导泻、解毒、补液。

（1）催吐：如婴幼儿中毒不久（通常在食入毒物 1~2 小时内），且无明显呕吐症状，可采用此法。最简单的，可以用手、筷子或压舌板按压舌体后半部分，呕吐胃内未吸收的食物残渣。如果食物较黏稠，可以先饮用大量清水（至少 500 mL）再进行催吐，将胃内残存的有毒食品吐出。对神志不清的患儿禁用此法。

（2）洗胃：对重症患儿应及时送往医院，由医护人员通过留置胃管注入清水或碳酸氢钠溶液，依据中毒食物种类，选用不同的洗胃液进行洗胃，一般会反复洗胃，直到将所有的胃内容物洗干净。洗出的胃内容物及时送检，可以帮助明确食物中毒的毒素，寻找有效的特效解毒药。

（3）导泻：如果食入毒物超过 2 小时，且精神尚好，则可服用导泻药（如硫酸钠或硫酸镁等），将胃肠道内有毒物体尽快排出体外。若患儿已经出现由中毒引起的严重腹泻，则不能使用此法。

（4）解毒：服用药物，通过特效解毒药，比如有机磷中毒的特效解毒药，碘解磷定、氯解磷定；酒精中毒的特效解毒药，纳洛酮等来缓解中毒症状。

（5）补液：如果腹泻频繁脱水严重者，应补充液体、电解质（尤其是含盐饮料或糖盐水），进行抗炎、抗休克治疗。腹痛明显者，可采取解痉、镇痛措施。

（四）食物中毒的预防

食物中毒比较常见，对于食物中毒的预防建议如下。

食物在食用前要彻底清洁，生吃的蔬菜瓜果要洗干净，需要加热的食物要加热彻底。

严把食品采购关。要选择新鲜的和安全的食品，不要买过期的食品和没有质量保障的食品。坚决杜绝资质不合格、食品来源不明、无规范进货手续的厂商提供的食品。学校食堂禁止采购和使用下列食品：腐烂变质、霉变、生虫、污秽不洁、混有异物或感官性状异常的食品。

严把食品储存关。严格按照食品储存的规范要求，分类、分架、隔墙、隔地存放食品，定期检查，及时处理变质或超保质期限的食品。保存食品的冷藏设备必须做到生食品、半成品和熟食品分柜存放。食品在常温下存放不得超过 4 小时，储存食物要 $<10\,℃$ 冷藏或 $>60\,℃$ 热藏。

严把食物加工关。严格按照规范程序加工食品。食品加工必须熟透，不得加工或使用腐烂变质和感官性状异常的食品。熟制品与食品原料或半成品均要分开存放，防止交叉污染。

严把供餐卫生质量关。不得向婴幼儿提供腐烂变质或感官性状异常，可能影响健康的食品。食品在烹饪后至就餐前一般不超过 2 小时，剩余饭菜不得隔餐使用。

严把工作人员健康关。食堂工作人员要接受培训，并持健康证上岗。工作人员要严格执行操作规程，遵守有关卫生管理规定，出现咳嗽、腹泻、发热、呕吐等有碍食品卫生的症状时，必须立刻离开工作岗位，接受检查治疗。

严把食品安全教育关。加强对婴幼儿照护者的食品卫生安全教育，科学喂养婴幼儿。

四、任务实施

根据任务要求，设定合理的知识、技能与素养目标，完成实训活页（见表 7-1）。

表 7-1　任务实训活页

（一）实施任务： 根据所学知识，请对明明食物中毒进行现场救护。
（二）确定组内角色及分工： 组长：　　　　　　　　　　　　　　任务： 组员 1：　　　　　　　　　　　　　任务： 组员 2：　　　　　　　　　　　　　任务： 组员 3：　　　　　　　　　　　　　任务：
（三）实施目标：
（四）实施步骤：

五、任务评价

分别从自我、组间、教师等角度对学生的任务实施过程进行点评（见表7-2）。

表7-2　任务实施评价

项目	评分标准	自我评价	组间评价	教师评价
任务完成过程（70分）	能够正确理解任务，并进行合理分工			
	能够根据任务资料，分析并制定任务目标			
	能正确实施婴幼儿食物中毒现场救护措施，严重的中毒患儿能及时送往医院			
	能够通过自主学习，完成学习目标			
	积极参与小组合作与交流，配合默契，互帮互助			
	能够利用信息化教学资源等完成工作页			
	能很好地展示活动成果			
学习效果（30分）	实施目标设定合理			
	达成预期知识与技能目标			
	达成预期素养目标			
合计				

自我评价与总结

教师评价

六、课后习题

（一）选择题

1. 不属于有毒食物的是（　　　）。

A. 生西红柿　　　　B. 未煮熟的豆浆　　C. 腐乳　　　　　　D. 霉变的甘蔗

2. 食物中毒一般不具有哪个特征？（　　　）

A. 暴发性　　　　　B. 同源性　　　　　C. 同发性和季节性　D. 传染性

3. 食物中毒的紧急救治办法，不包括（　　　）。

A. 催吐和洗胃　　　B. 导泻　　　　　　C. 固定　　　　　　D. 解毒和补液

（二）判断题

1. 食物中毒后应立刻催吐，可通过勺柄按压舌根部进行。（　　　）

2. 食品在常温下存放不得超过2小时，储存食物要＜10℃冷藏或＞40℃热藏。（　　　）

（三）简答题

1. 如果婴幼儿发生食物中毒，如何进行现场救护？

2. 托幼机构，如何预防婴幼儿食物中毒？

（四）案例分析题

明明托班放学时间，看到校门口的零食摊位上有辣条，求妈妈给买了一袋，回家路上，边走边吃。回到家半个多小时后，明明突然肚子痛，嘴唇发紫，浑身哆嗦，呼吸困难。到医院经及时抢救方脱离危险。经调查检验，明明吃的辣条已过期变质，并含有大量的病菌，系没有生产厂家和出厂日期、保质期的伪劣垃圾食品。

请问明明可能遇到什么问题？照护者应该如何正确处理？

任务 7.2 婴幼儿触电的现场救护

一、任务情境

3 岁的男孩豪豪在桌边玩耍，试图从插排中拔除旁边一电风扇的插头，却拔不掉。当他妈妈还没说完"那不要拔了"这句话时，只见儿子身体一阵抽搐，倒在地上。

请问豪豪出现了什么危险？如何正确处理豪豪的危险情况？

二、任务目标

知识目标：（1）掌握电击伤的常见表现和作用机制。

（2）掌握婴幼儿触电的预防措施。

技能目标：能迅速实施触电婴幼儿的现场救护处理。

素养目标：具有创设良好养育环境的耐心和责任心，具有较强的防范意识。

三、知识储备

（一）婴幼儿触电的常见原因

触电是指一定量的电流通过人体，引起局部或全身各脏器的损伤。随着社会现代化程度的加快，婴幼儿在日常生活中与电接触的机会越来越多，触电的原因常常是用手触摸电器、电源插孔或手抓电线的断端，偶有雨天在树下避雨时遭到雷击。婴幼儿触电的常见原因总结如下。

（1）用手指或通过一些金属工具塞进电源插孔，或用手指玩弄绝缘已损坏的电线、电灯开关、灯头、电视机等。

（2）工业或农业临时用电，有时未安装保险或电线接头未缠绝缘胶布，或电闸箱未上锁等原因，小孩不知其危险靠近电源而触电。如，在农村，因为灌溉、脱粒机等农用电动工具或临时照明用的电线外皮脱落，手或足触及后引起触电。

（3）各种原因造成的电线拉断坠落，婴幼儿接触断端或绝缘层破损部位，或进入跨步电压区域。

（4）在靠近电线处放风筝时，线绕在电线上，或爬上电线杆玩弄电线，都容易引起触电。

（5）雷雨时，在树林或高大建筑物下躲雨，或在野外行走，则容易遭受雷击。

（二）触电对人体造成的伤害常见症状与分类

触电对人体造成的伤害症状很多，因接触时间、电流强度、电压不同而不同。症状轻时可出现惊吓、心悸、面色苍白、头晕、乏力；症状重时可出现昏迷、强直性肌肉收缩、心律失常、休克、心脏骤停、死亡，可伴有皮肤电灼伤、组织焦化或炭化。

根据临床表现可以分为电击伤、电热灼伤、闪电损伤三种。

（1）电击伤：当人体接触电流时，电流进入人体，造成机体组织损伤和功能障碍。轻者出现惊吓、呆滞、面色苍白、皮肤灼伤处疼痛，可能有头晕、心动过速和全身乏力。严重者出现昏迷、持续抽搐、心室颤动、心脏骤停和呼吸停止、休克等，抢救不及时可立即死亡。

（2）电热灼伤：主要为电接触烧伤。人体的组织具有不同电阻，电流通过后，产生热能，造成人体烧伤。电压越高，灼烧程度越严重。常有入口和出口两个创面，皮肤入口灼伤比出口灼伤处严重。不能单从体表皮肤损伤范围估计电损伤范围和严重程度。

（3）闪电损伤：当人被闪电击中时，心跳和呼吸常立即停止，伴有心肌损害，皮肤血管收缩呈网状图案，是闪电损伤的特征。其他临床表现与高压电损伤相似。

另外，还可能出现骨折、失明、短期精神失常、肢体瘫痪、流产等相关伴随症状。

（三）发生电击伤的紧急处理

电击伤的处理原则：①迅速。争分夺秒切断电源，保证急救现场的安全。②就地。立刻进行现场评估、救治。③准确。尽快实施心肺复苏，动作、部位准确。④坚持。严密观察病情，防治各种并发症，诊断、抢救致命的合并伤，只要有希望就要尽力去救。现实中，有抢救7小时把触电者救活的事例。⑤尽早。越早施救，成活率越高。

知识链接
切断电源的
方法

知识链接
初次评估伤情
的处理顺序

电击伤的紧急救治办法主要包括观察情况、现场伤情评估、现场急救处理、送医救治。

（1）观察情况。当发现有人触电时，救护者必须首先确定，救助行动不会使自己处于触电危险中。因此，先帮助患者脱离电源，待现场安全时（即已经消除触电危险），再实施急救。实施急救措施的同时，可呼救他人协助立刻拨打120电话。

（2）现场伤情评估。通过直接查体及间接询问方法，尽最大可能确定电击伤伤员年龄、性别、神志，气道是否畅通，有无呼吸困难，血液循环是否稳定，有无致命性重要脏器损伤及活动性出血，有无神经系统损伤，受伤位置、程度及面积，有无排尿及尿液色、量变化。

（3）现场急救处理。电击伤现场急救是救治关键。如果无自主呼吸或循环，立即开始基础生命支持，包括通知医疗急救服务系统、迅速开始心肺复苏。

当医疗人员未到现场时，如果患者尚有自主呼吸，应注意保持气道通畅；如果有头或颈创伤，解救和治疗时要维持脊椎稳定；脱掉烧焦的衣服、鞋子和皮带，可防止进一步热损伤，但也应该注意避免撕扯皮肤或妨碍脊椎稳定；对于心脏骤停患者，单人或多人轮流协作进行心肺复苏，如果周围有自动体外颤器，可尝试应用。

（4）送医救治。心肺复苏不成功患者应进行长时间心肺复苏，并根据临床判断来确定心肺复苏应持续多长时间；严密观察患者病情变化，防治各种并发症；对轻症者及心肺复苏成功者，应持续进行心电、呼吸、血压监护和肝、肾功能监测，及时发现心律失常和高钾血症，纠正水电解质和酸碱失衡；预防破伤风；注意创面的卫生，防止感染，有继发感染者，给予抗生素治疗。

（四）电击伤的预防

电击伤通常发生在工作或生活中因违反用电操作规范或误操作用电设备而造成的。雷雨天气、地震、火灾、电线老化、电器漏电等客观因素也会造成意外电击伤。因此，对于电击伤的预防建议如下。

（1）教育婴幼儿不湿手触碰开关和插座。在生活中，有很多人刚洗完手，就去触碰各种电器的开关，这是非常危险的做法。水容易进入到开关插座的缝隙中，引发触电。

（2）不用湿抹布擦洗电器。在打扫卫生的时候，用湿抹布擦电器是一种很常见的事。但是，这和用湿手触碰开关和插座一样，也是一件非常危险的事情，极易造成触电。因此最好用干抹布擦洗电器。

（3）电路故障后，立即保修。在生活和工作中，难免会遇到电路发生故障的情况，比如保险丝断开等。此时不要自己动手修理，毕竟不是专业的人，很容易因为操作不当触电。因此，遇到这种情况，正确的方法就是报修，请专业人士来帮忙处理，以免发生意外。

四、任务实施

根据任务要求，设定合理的知识、技能与素养目标，完成实训活页（见表 7-3）。

表 7-3　任务实训活页

（一）实施任务： 根据所学知识，请对豪豪的危险情况进行现场救护。
（二）确定组内角色及分工： 组长：　　　　　　　　　　　　　任务： 组员 1：　　　　　　　　　　　　任务： 组员 2：　　　　　　　　　　　　任务： 组员 3：　　　　　　　　　　　　任务：
（三）实施目标：
（四）实施步骤：

五、任务评价

分别从自我、组间、教师等角度对学生的任务实施过程进行点评（见表7-4）。

表7-4　任务实施评价

项目	评分标准	自我评价	组间评价	教师评价
任务完成过程（70分）	能够正确理解任务，并进行合理分工			
	能够根据任务资料，分析并制定任务目标			
	幼儿是否脱离电源，转移至安全环境，轻度患儿转危为安，重度患儿送至医院			
	能够通过自主学习，完成学习目标			
	积极参与小组合作与交流，配合默契，互帮互助			
	能够利用信息化教学资源等完成工作页			
	能很好地展示活动成果			
学习效果（30分）	实施目标设定合理			
	达成预期知识与技能目标			
	达成预期素养目标			
合计				
自我评价与总结				
教师评价				

六、课后习题

（一）选择题

1. 低压电源触电，不能采用的方法有（　　　）。

A. 拉　　　　　　　　B. 垫　　　　　　　C. 挑　　　　　　　D. 手拨

2. 根据临床表现，不属于电击伤的是（　　　）。

A. 头晕、心悸、乏力　　　　　　　B. 昏迷、心跳、呼吸骤停

C. 感染中毒性休克　　　　　　　　D. 组织灼伤、肢体坏死

3. 以下哪个不是触电的常见原因？（　　　）

A. 偶有雨天在树下避雨遭到雷击　　B. 手抓电线的断端

C. 路过高压电塔　　　　　　　　　D. 手触摸电器、电源插孔

（二）判断题

1. 雷击时可接打电话。（　　　）

2. 教育婴幼儿不湿手触碰开关和插座。（　　　）

（三）简答题

1. 如果婴幼儿发生电击伤，如何进行现场救护？

2. 从哪些方面对婴幼儿进行预防电击伤害发生？

（四）案例分析题

花花和好朋友贝贝在家里玩捉迷藏，贝贝在桌子下面发现了"新玩具"。只见，桌子下面有个插线板，贝贝觉得好奇，喊来花花一起"研究"，"这是个什么玩具呢，这个洞洞里有什么呀？"话没说完，手指已经塞进去了，眼看着贝贝打战、晕厥，花花赶紧喊来妈妈帮忙。

请问贝贝可能遇到什么问题？照护者应该如何正确处理？

任务 7.3 婴幼儿高热惊厥的紧急处理

一、任务情境

　　鑫鑫，现在 3 岁 2 个月，从小很少生病。在他一岁半时，有次发烧体温达 38.3℃，先是大哭大闹，后来哭得背过气了，软了一样摊在地上，直翻白眼，还抽搐了大概十几、二十秒的时间，父母都吓傻了，抱着孩子直奔医院。

　　大夫诊断鑫鑫为高热惊厥。做了一个脑 CT 检查，一切正常，后续没有再做其他检查和治疗。后来又发过一次烧，体温超过了 39℃，没有去医院，也没有惊厥，家人慢慢放松警惕。以为，高热惊厥得过一次，以后就没事儿了。

　　直到孩子 3 岁的时候，一次孩子游泳回家后有点打蔫儿，告诉妈妈自己累得慌，然后就躺沙发上了，一测体温 37.8℃。妈妈为他做了物理降温，然后喝了点儿奶，午饭没吃就睡觉了。直到下午 4 点，孩子忽然开始全身抽搐，牙关紧闭，翻白眼，父母吓得直掐孩子人中，后来等他醒了才发现人中都掐破了。这个过程大概有一分钟时间（时间肯定比第一次发病要长），随后孩子哭出来了，喊疼。

　　父母趁他清醒片刻赶紧灌下美林（婴幼儿常用降温药剂），接着抱着他，直奔儿童医院，到医院后，体温检测为 39.1℃。路上孩子基本昏迷，喊他没有反应，妈妈一个劲儿掐他，屁股都掐紫了，也不哭不动，父母当时都吓坏了，浑身发软，孩子都要搂不住了。

　　到医院后，医生检查确认是高热惊厥，连队都不用排了，直接安排输液治疗。在输液的过程中，孩子一边输着退烧药，一边体温骤升到 40℃，全身发抖，手脚冰冷，连指甲都是紫色的。所幸大夫说现在已经不是惊厥了，而是单纯的发烧了。

　　孩子病好后，回想起整个过程，真是不堪回首，对父母来说就是折磨啊！

　　请问鑫鑫出现了什么情况，作为照护者，应该如何为他做紧急处理？

二、任务目标

　　知识目标：掌握幼儿惊厥的原因及发病机制。
　　技能目标：（1）能识别幼儿高热惊厥的表现。
　　　　　　　　（2）能正确处理高热惊厥患儿的紧急救护。

素养目标：（1）在操作中关心、爱护婴幼儿。

（2）有耐心，保持警惕心，保护婴幼儿生命安全。

三、知识储备

（一）高热惊厥的含义及分类

1. 高热惊厥的含义

高热惊厥是指小儿在呼吸道感染或其他感染性疾病早期，体温≥39℃时发生的惊厥，并排除颅内感染及其他导致惊厥的器质性或代谢性疾病。主要表现为突然发生的全身或局部肌群的强直性或阵挛性抽搐，双眼球凝视、斜视、发直或上翻，伴意识丧失。

2. 高热惊厥的分类

根据高热惊厥的发病原因，可分为单纯性热性惊厥和复杂性热性惊厥。

单纯性热性惊厥：发作时有明确的发热诱因，如，上呼吸道感染等，排除其他器质性疾病；发作表现为全面性发作，发作时间往往小于15分钟；24小时内一般仅发作一次。此类型占热性惊厥比例较高，超过75%。

复杂性热性惊厥：临床较为少见，占比20%~30%，但是其危害相对较大，预后差，主要表现为局灶性或全面性发作，发作时间超过15分钟；24小时内发作超过2次；发作后，可有中枢神经系统异常表现，如Todd's麻痹。

（二）高热惊厥的临床表现与诊断依据

1. 高热惊厥的临床表现

单纯性热性惊厥表现为突发意识丧失、双眼上翻及斜视、呼吸急促、头偏向一侧、四肢强直阵挛、口唇发紫等；复杂性高热惊厥表现为意识丧失、口唇发绀、大小便失禁、口吐白沫、一侧肢体或四肢强直，甚至呼吸心跳暂停等。

2. 高热惊厥的诊断依据

（1）发病年龄多为6个月至4岁。

（2）惊厥发生于上呼吸道感染或其他感染性疾病早期，体温≥39℃时。

（3）惊厥持续10秒钟至数分钟，很少超过10分钟，少数会持续30分钟。多发作1次，两次情况较少。

（4）惊厥为全身性对称发作（婴幼儿可不对称），发作时意识丧失，过后意识恢复快，无中枢神经系统异常。

（5）脑电图于惊厥2周后恢复正常。

（6）预后良好。

（7）既往有高热惊厥史，如条件不完全符合前述6条依据，而又能排除引起惊厥的其他疾病，可诊断为复杂性高热惊厥。

（三）发生高热惊厥的紧急处理

高热惊厥的处理原则主要有4点：控制惊厥、降温、病因治疗、预防惊厥复发。高热惊厥的紧急救治办法，可概括为迅速控制、预防窒息、预防外伤、物理降温、密切观察并送医救治、整理记录。

1. 紧急救治的办法

（1）迅速控制：保持安静，就地进行抢救。

（2）预防窒息：立即将患儿平卧，保持呼吸道畅通；解开患儿衣领、裤带，以防衣服对患儿的束缚影响呼吸；用纱布及时清除患儿口腔、鼻腔分泌物和呕吐物，保持呼吸道通畅。

（3）预防外伤：将纱布放于患儿手下或腋下，防止患儿皮肤摩擦受损；移开患儿床上硬物，防止碰伤；床边加设床栏，防止患儿出现外伤或坠床；不要强行用力按压或牵拉其肢体，以防外力造成肢体脱臼或骨折。

（4）物理降温：根据患儿高热情况，在患儿前额、手心、大腿根等处放置冷毛巾、冰袋或使用退热贴等给予物理降温。

（5）密切观察并送医救治：密切观察患儿生命体征，意识状态、瞳孔的变化，做好记录。发作缓解后，迅速将患儿送医院检查治疗，防止再次发作。

（6）整理记录：处理后，整理用物，洗手，记录病情发作、持续时间和救护过程。

2. 注意事项

（1）患者出现热性惊厥且意识丧失时，不应强行喂水及药物，避免误吸。

（2）患儿保持口腔及皮肤清洁，如患儿出汗较多，应及时更换衣服。

（3）操作中动作轻柔，注意保护患儿安全。在送患儿去医院的途中，要保持患儿平稳安静，不要用力摇晃患儿，以免因不良刺激加重患儿病情。

（4）如经医院诊断为复杂性热性惊厥的患者，如已加用药物预防治疗，一定要遵照医嘱按时按量服药，避免自行停服或漏服。

小专栏：责任担当

新冠患儿的"临时妈妈"

2020年春节，新冠病毒成为人类共同的敌人。在这场人类与病毒较量的战"疫"中，最令人揪心的是那些被病毒感染的新冠肺炎患儿，在万家团聚的时刻，有一群最美"逆行者"，舍小家，保大家，不畏生死，用自己的坚守和初心，践行着南丁格尔精神，冲在抗疫最前线。在武汉儿童医院重症患儿病房里，5名精干护士组成的医护团队成为这里的"临时妈妈"，他们轮流值班，24小时监护着这些患病婴儿的生命体征，不放过任何一点病情变化。有患儿高烧不退，全身抽搐，双眼上翻，口唇青紫，并出现了精神恍惚的表现，护士们判定是高热惊厥，迅速解开孩子衣领，去枕平卧，头偏向一侧，清理口、鼻分泌物，防误吸造成窒息，同时给予吸氧，以提高血氧浓度，减少脑水肿，改善脑细胞缺氧。所幸发现及时，经过合理救治，孩子迅速脱离危险。正是这群有责任、有担当、有爱心的婴幼儿照护群体的存在，爱与希望才能不断延续，才能最终打赢疫情防控阻击战。

（四）婴幼儿高热惊厥的预防

婴幼儿高热惊厥比较常见，预防建议如下。

（1）日常生活管理重在预防发作及发作后的紧急救治。本病常发作人群为婴幼儿，故在季节交替、气温变化较大时，应格外关注患儿的体温，可有效预防本病发作。

（2）坚持必要的体育锻炼对预防热性惊厥有一定帮助，如每日 0.5~1 小时的有氧运动，可有效提升抵抗力，减少感染性疾病的发生。

（3）患儿应养成良好的作息习惯，减少熬夜、劳累等不良习惯。

（4）培养积极乐观的生活态度，放松心情，必要时，可进行心理咨询。

（5）既往存在热性惊厥病史的患者，在罹患易导致发热的疾病后，应密切监测体温，监测有无抽搐发作。

（6）有特殊病史的，可给予口服镇静剂进行预防性治疗：高热惊厥发作时间大于 30 分钟的患者；短时间频繁惊厥发作（6 个月内≥3 次或 1 年内≥4 次）。

四、任务实施

根据任务要求，设定合理的知识、技能与素养目标，完成实训活页（见表 7-5）。

表 7-5　任务实训活页

（一）实施任务： 根据所学知识，请对鑫鑫高热惊厥进行现场救护。
（二）确定组内角色及分工： 组长：　　　　　　　　　　　　　　　任务： 组员 1：　　　　　　　　　　　　　　任务： 组员 2：　　　　　　　　　　　　　　任务： 组员 3：　　　　　　　　　　　　　　任务：
（三）实施目标：
（四）实施步骤：

五、任务评价

分别从自我、组间、教师等角度对学生的任务实施过程进行点评（见表 7-6）。

表 7-6 任务实施评价

项目	评分标准	自我评价	组间评价	教师评价
任务完成过程（70分）	能够正确理解任务，并进行合理分工			
	能够根据任务资料，分析并制定任务目标			
	患儿是否安全，无外伤和窒息发生，是否再次发生惊厥，送至医院救治			
	能够通过自主学习，完成学习目标			
	积极参与小组合作与交流，配合默契，互帮互助			
	能够利用信息化教学资源等完成工作页			
	能很好地展示活动成果			
学习效果（30分）	实施目标设定合理			
	达成预期知识与技能目标			
	达成预期素养目标			
合计				

自我评价与总结

教师评价

六、课后习题

（一）选择题

1. 单纯性热性惊厥，发作时间往往小于（   ）分钟；24小时内一般仅发作（   ）次。

    A. 15；1   B. 15；2   C. 30；1   D. 30；2

2. 以下哪个不属于高热惊厥的处理原则？（   ）

    A. 控制惊厥   B. 降温   C. 病因治疗   D. 不用预防惊厥复发

3. 一旦发生高热惊厥，以下说法哪个不正确？（   ）

    A. 保持安静，就地进行抢救

    B. 不用移开患儿床上硬物

    C. 在患儿前额、手心、大腿根等处放置冷毛巾

    D. 解开患儿衣领、裤带，以防衣服对患儿的束缚影响呼吸

（二）判断题

1. 高热惊厥患者昏迷时，应用力把他摇醒。（   ）

2. 患者出现热性惊厥且意识丧失时，不应强行喂水及药物，避免误吸。（   ）

（三）简答题

1. 高热惊厥的处理原则是什么？

2. 如果婴幼儿发生高热惊厥，如何进行现场救护？

（四）案例分析题

龙龙，男，2个半月。患儿突发高热两日，伴咳嗽，曾在市某医院就诊，诊为上呼吸道感染。经该院治疗后，高热不退，体温升至39℃，咳嗽，气急，喉中痰鸣，烦躁不安，阵发惊厥，前来求治。

请问龙龙可能遇到了什么问题？照护者应该如何正确处理？

任务 7.4　海姆立克急救和心肺复苏技术

一、任务情境

一个 11 个月大的宝宝，因为呼吸、心脏骤停被送医抢救，抢救时发现，卡住小孩气管的，居然是一块苹果肉。事发当天，家长给宝宝喂食苹果，还特意用削皮刀将苹果切成一个个的小块。喂着喂着，没想到就出事了。家长查看时，发现宝宝大张着嘴，一点声音发不出来，满脸通红。家长猜测宝宝可能吃苹果时被噎到了。一开始，家长尝试把手伸进宝宝嘴里抠，想让他把苹果吐出来，但没有效果。于是给他喂水，也没起到作用，连灌几口水之后，孩子脸色开始发紫，家长急忙抱着孩子打车去医院。到了医院，医生检查后发现，孩子瞳孔已经散大，脸色发紫，呼吸、心跳都没了。据称，孩子在途中可能就不行了。虽然到医院后又实施了一番抢救，但最终还是没能救回孩子。当医生把孩子死亡的消息告诉家人时，一家人号啕大哭，妈妈瘫坐在地上，边哭边说："是妈妈害了你！"

如果你是照护者，异物卡喉该如何处理？

二、任务目标

知识目标：掌握婴幼儿异物卡喉、心脏骤停的表现及处理原则。

技能目标：能正确操作婴幼儿海姆立克急救技术以及心肺复苏技术。

素养目标：（1）关心、爱护婴幼儿，珍惜生命、尊重生命，确保婴幼儿生命安全。

（2）加强团队协作，彰显人文关怀。

三、知识储备

生活中误吞异物卡喉的情况是非常常见的，多数异物会被卡在咽、喉、气管等位置，会导致患者出现呼吸困难、咳嗽等各种不适反应，一旦异物卡喉没有及时排出，会导致气管堵塞，便会有窒息的风险，威胁到生命安全。因此在日常生活中除了防患于未然，掌握一定的急救措施也极为重要。

（一）婴幼儿异物卡喉、心脏骤停的常见原因

1. 婴幼儿异物卡喉的常见原因

异物卡喉在生活中并不少见，任何群体都有可能发生。其中婴幼儿是最容易出现异物卡喉的，由于婴幼儿习惯性把物品塞入口中，一旦卡喉就会哭闹，让施救更加困难。多数异物会被卡在咽、喉、气管等位置，从而导致婴幼儿出现呼吸困难、剧烈咳嗽、呕吐等不适反应，如果呼吸道被异物堵塞，又没有及时施救，就会有一定的生命危险。

常见的导致异物卡喉的原因如下。

（1）婴幼儿喜将小物置口中戏弄。婴幼儿口含食物、小玩具或杂物等，惊呼、哭喊、玩耍时，易将特异物吸入喉部。

（2）边进食边说笑嬉戏、用口接抛出的食物时，易将食物吸入咽喉部。

（3）异物本身光滑，易黏着在咽喉部，从而进入呼吸道。如，果冻、汤圆、瓜子、花生米、豆类等均易吸入呼吸道。

2. 婴幼儿心脏骤停的常见原因

心脏骤停是指心脏射血功能突然终止。若不及时处理，会造成脑和全身器官组织的不可逆损害，甚至导致死亡。心脏骤停有很多原因，首先是心脏本身的病，包括冠心病、心肌病、心律失常性心肌病，还有一些先天性心电紊乱，都会造成心脏骤停。心脏以外的原因，常见的导致心脏骤停的情况如下。

（1）继发于呼吸功能衰竭或呼吸停止的疾患，如肺炎、窒息、溺水、气管异物等，是小儿心脏骤停最常见的原因。

（2）外伤及意外多见于1岁以后的小儿，如颅脑或胸部外伤、烧伤、电击及药物过敏等。

（3）病毒性或中毒性心肌炎，引起缓慢性心律失常，然后慢慢出现心脏停搏。

（4）电解质平衡失调，如高血钾、严重酸中毒、低血钙等。

（5）中毒，尤以氯化钾、洋地黄、奎尼丁、氟乙酰胺类灭鼠药等药物中毒多见。

（6）迷走神经张力过高不是导致幼儿心脏骤停的主要原因，但如果，患儿因咽喉部炎症，处于严重缺氧状态时，用压舌板检查咽部，可致心脏、呼吸骤停。

（二）婴幼儿异物卡喉、心脏骤停的临床表现

1. 婴幼儿常见异物卡喉的临床表现

（1）气喘：如果婴儿在进食的过程中，突然出现呛咳、剧烈的阵咳，以及哽气，就会导致婴儿出现气喘、声嘶、嘴唇发绀及呼吸困难等不良症状。建议家长发现这种症状就及时采取应对措施，以免出现窒息甚至是死亡的情况。

（2）轻微咳嗽：如果卡在喉咙中的异物不大，刺激性也比较小，则不会产生太明显的症状，只会出现轻微咳嗽的症状。在正常情况下，如果卡在喉咙中的异物小于两厘米、不尖锐也不含腐蚀性，都是可以通过粪便排出的。因此，一定要明确婴儿卡在喉咙中的异物是什么，只有这样才可能采取有效的应对措施。如果异物比较硬且尖锐，就需要马上去医

院进行手术治疗，以免出现不良情况。

（3）咳痰带血：如果异物长时间被卡在支气管内，就会被肉芽或纤维组织包裹，造成支气管阻塞，引发继发感染，从而出现咳痰带血、肺不张或肺气肿，引发缺氧的情况出现。

另外，根据异物进入身体的不同时期，有如下表现。

异物进入期。表现为细小异物在气管中时，会导致剧烈咳嗽、呼吸困难、口唇发紫。如异物较大，会导致阻塞气管，可立即引起窒息死亡。

安静期。前期表现为剧烈呛咳持续几分钟或十几分钟后，咳嗽缓解、呼吸困难减轻；后期表现为无症状或轻度咳嗽，异物则停在一侧支气管。

炎症期。表现为支气管炎、肺炎、肺脓肿等。

2. 婴幼儿常见心脏骤停的临床表现

（1）意识突然丧失或伴有短暂抽搐。

（2）大动脉搏动消失（幼儿以颈动脉和股动脉为准，婴儿以肱动脉为准）。

（3）呼吸停止或无效呼吸（仅有喘息样呼吸）。

（4）面色苍白或发绀。

（5）双侧瞳孔散大，反射消失。

（6）大小便失禁。

（7）心压测不出，心音消失，心电图异常。

临床上，患儿一旦出现意识丧失和大动脉搏动消失，即可诊断为心脏骤停，一旦确定心脏骤停，应立即进行胸外心脏按压。

（三）发生异物卡喉的紧急处理

发生异物卡喉时主要采用海姆立克急救法进行紧急处理。海姆立克急救法是一种抢救气道异物的简便有效的操作手法，其原理是通过冲击上腹部，使腹压升高，膈肌抬高，胸腔压力瞬间增高后，迫使肺内空气排出，造成人工咳嗽，使气道内的异物上移或驱出（见图 7-1）。

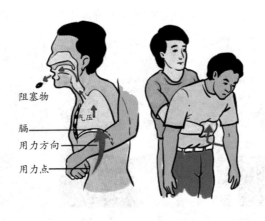

图 7-1 海姆立克急救法原理示意图

紧急处理按对象的不同，主要分为以下两种。

1. 1岁以内婴儿发生窒息时的紧急处理

（1）背部拍击：如图7-2所示，将婴儿俯卧在一侧手臂上，以大腿为支撑，头低于躯干，一手固定下颌角并打开气道，另一只手掌根在婴儿两肩胛骨中间用力拍击5次。

微课
海姆立克
急救法

（2）观察异物有没有被吐出，如果已吐出，急救成功；如果仍未吐出，继续（3）步骤。

（3）胸部冲击：如图7-3所示，将婴儿翻转为仰卧位，以大腿为支撑，头低于躯干。一手固定婴儿头颈位置，一手伸出食指中指，快速压迫婴儿两乳头连线中点，重复4~6次。交替背部拍击和胸部冲击，直至将异物排出或婴儿失去知觉。

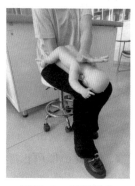

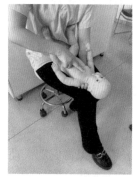

图7-2　背部拍击　　图7-3　胸部冲击

2. 1岁以上幼儿发生窒息时的紧急处理

（1）照护者站在幼儿身后，两手臂从身后绕过伸到肚脐与肋骨中间的地方，一手握成拳，另一手包住拳头，然后快速有力地向内上方冲击，直至将异物排出。

（2）具体操作有"剪刀、石头、布"简单三步（见图7-4~图7-6）。

剪刀：幼儿肚脐上2指；

石头：用手握住拳头，顶住2指位置；

布：用另一只手包住"石头"，快速向后上方冲击5次，直到幼儿把异物咳出。

图7-4　"剪刀"　　　图7-5　"石头"　　　图7-6　"布"

知识链接
判断脉搏
和呼吸

（四）心脏骤停的现场判断和紧急救护

心脏骤停的抢救采用心肺复苏技术。心肺复苏（CPR）是指在心跳、呼吸骤停的情况下所采取的一系列急救措施，旨在使心脏、肺脏恢复正常功能，使生命得以维持。

心肺复苏全过程可分为基础生命支持、高级生命支持、延续生命支持 3 个阶段。基础生命支持（BLS）的主要措施为胸外心脏按压（人工循环）、开放气道、口对口人工呼吸。高级生命支持（ALS）指在 BLS 的基础上应用辅助器械与特殊技术、药物等建立有效的通气和血液循环。延续生命支持（PLS），即复苏后稳定处理，其目的是保护脑功能，防止继发性器官损害，寻找病因，力争患儿达到最好的存活状态。

针对案例中的宝宝，出现无意识反应，无呼吸、心跳等表现，需要在现场紧急拨打 120 急救电话的同时，尽快实施基础生命支持。

心脏骤停的紧急救治办法，可概况为现场观察与判断、急救处理、整理记录。

1. 现场观察与判断

（1）评估现场环境：是否可以实施救护，避免二次伤害。

（2）判断意识和呼吸：救护者俯身轻摇或手拍患儿双肩，在耳边大声呼叫幼儿"宝宝醒醒，宝宝听得见吗？"，同时扫视患儿胸部，判断有无呼吸，若患儿无反应、无呼吸或仅存喘息，救护者应立即大声呼救，请旁边的人帮忙拨打 120 急救电话（说明发生地点、发生原因、患病和受伤者人数、伤员情况、已做何种处理、联系电话等，切记不要先挂电话）并取来自动体外除颤器（AED）。

（3）判断脉搏：一只手置于前额，保持患儿仰头，用另一只手的食指和中指找到气管，将手指滑到气管和颈侧肌肉之间的沟内，触摸颈动脉。如果 10 秒内，无法确认触摸到脉搏，或脉搏明显缓慢（≤60 次 / 分钟），需开始胸外按压。非医疗人员可不评估脉搏。

2. 急救处理

1）体位

保护颈部，将幼儿放在坚硬的地面上或硬板床上，解开衣扣，松解裤带，暴露按压部位。

2）基础生命支持

胸外心脏按压。具体方法包括双掌按压法（适用于 8 岁以上的儿童）、单掌按压法（适用于幼儿）、双指按压法（适用于婴儿）。救护者位于幼儿的右侧，按压部位为幼儿两乳头连线与胸骨交叉处，用单手掌根部置于按压部位，挤压时，手指不可触及胸壁以免肋骨骨折，放松时手掌不应离开患儿胸骨，以免按压部位变动。肘关节伸直，肩、肘、腕关节成垂直轴面，借助身体重力，以髋关节为轴，垂直用力向下按压，均匀有节律，不能间断，不能冲击式猛压。按压的深度 4~5 cm，为幼儿胸部前后径的 1/3~1/2。每次按压后，使胸廓完全回弹，按压与放松一致，时间比为 1：1，按压频率为 100~120 次 / 分钟。

气道通畅。呼吸道梗阻是小儿呼吸心搏停止的重要原因，气道不通畅也影响复苏效果，在人工呼吸前先清除患儿口咽分泌物、呕吐物及异物，保持头轻度后仰，使气道平直，并防止舌后坠堵塞气道。在无头、颈部损伤情况下，首选仰头抬颏法。具体方法：用一只手按压幼儿的前额，使头部后仰，另一只手的食指、中指将下颌托起，使下颌角与耳垂的连线与地面成60°（见图7-7、图7-8）。注意，不要过度上举下颌，以免造成口腔闭合。开放气道后，先将耳贴近患儿口鼻，头部侧向患儿胸部，眼睛观察其胸部有无起伏，面部感觉气道有无气体排出；耳听呼吸道有无气流呼出的声音。若无上述体征，可确定为呼吸停止。判断和评价时间不得超过10秒。

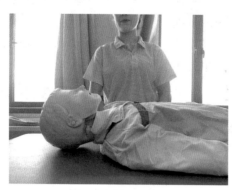
图7-7　气道闭合

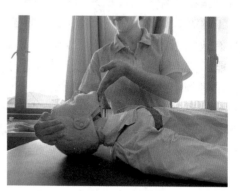
图7-8　气道打开

人工呼吸。若患儿无自主呼吸或呼吸不正常时，给予两次人工正压通气。在急救现场口对口人工呼吸是一种快捷有效的通气方法。具体方法：将按于前额一手的拇指与食指捏闭患儿的鼻孔，用另一手的拇指将患儿口部掰开，张大嘴完全封闭患儿口腔，平静呼吸后给予通气，每次送气时间1秒，同时观察患儿胸部是否抬举。如果人工呼吸时胸廓无抬起，可能是因为气道开放不恰当，应再次尝试开放气道，若再次开放气道后，人工呼吸仍不能使胸廓抬起，应考虑可能有异物堵塞气道，要相应处理排除异物。停止吹气后，松开鼻孔，松开嘴，使患儿自然呼气，排出肺内气体，观察幼儿胸廓起伏情况。

胸外心脏按压与人工呼吸的比例为30∶2，即按压30次，做2次人工呼吸，如此反复，至少5个循环，直至心跳及呼吸恢复并触及大动脉搏动。

3）评估呼吸和大动脉搏动情况

完成5个循环或者2分钟操作之后，评估呼吸和大动脉搏动情况，评估时间不超过10秒。如果触到大动脉搏动，恢复自主呼吸，停止心肺复苏，否则，继续重复胸外心脏按压和人工呼吸，5个循环或2分钟之后再次评估，交替进行，直到急救人员赶到，送往医院救治。

4）使用AED

患儿大部分心脏骤停由呼吸衰竭引起，然而仍有部分患儿可能发生心室颤动。在这种情况下，单纯进行心肺复苏并不能挽救患儿生命，尤其是目击患儿突然心脏骤停时，发生心室颤动或无脉性心室颤动的可能性较高，此时，应快速激活紧急反应系统，取得并使用AED。

3. 整理记录

处理后，整理用物，洗手，记录心肺复苏抢救的时间和过程。

知识链接
心肺复苏
有效指征

小专栏：自我提升

加强团队协作，彰显人文关怀

在婴幼儿遭遇突发意外伤病时，为了确保紧急救助的质量和效率，以及确保其他婴幼儿的安全，照护者应当学会利用现场的人力、物力，通过团队协作等方式应对突发状况。由于突发事件会对婴幼儿造成一定的负面影响，在处理突发事件和救治婴幼儿的过程中，照护者应耐心细致地给予婴幼儿关心与帮助；事件处理完毕后，还应细心观察、了解患儿或目睹事件的婴幼儿有无异常情绪和行为，必要时进行心理疏导，彰显人文关怀。

（五）异物卡喉的预防

在婴幼儿进食时，将食物切成细块，鼓励婴幼儿充分咀嚼。生活中，避免婴幼儿养成口含异物、进食时嬉闹的习惯。此外，在喂养 3 岁以下婴幼儿时，尽量不喂食细小、圆滑、易黏着在咽喉的食物，如糖果、葡萄、果冻、开心果、花生、瓜子、年糕、药片等。

四、任务实施

根据任务要求，设定合理的知识、技能与素养目标，完成实训活页（见表 7-7）。

表 7-7　任务实训活页

（一）实施任务： 根据所学知识，请对该 11 个月的宝宝异物卡喉、心脏骤停进行现场救护。
（二）确定组内角色及分工： 组长：　　　　　　　　　　　　　　　　任务： 组员 1：　　　　　　　　　　　　　　　任务： 组员 2：　　　　　　　　　　　　　　　任务： 组员 3：　　　　　　　　　　　　　　　任务：
（三）实施目标：
（四）实施步骤：

五、任务评价

分别从自我、组间、教师等角度对学生的任务实施过程进行点评（见表7-8）。

表7-8　任务实施评价

项目	评分标准	自我评价	组间评价	教师评价
任务完成过程（70分）	能够正确理解任务，并进行合理分工			
	能够根据任务资料，分析并制定任务目标			
	是否正确实施海姆立克急救和心肺复苏技术，婴幼儿脉搏呼吸是否恢复正常			
	能够通过自主学习，完成学习目标			
	积极参与小组合作与交流，配合默契，互帮互助			
	能够利用信息化教学资源等完成工作页			
	能很好地展示活动成果			
学习效果（30分）	实施目标设定合理			
	达成预期知识与技能目标			
	达成预期素养目标			
合计				
自我评价与总结				
教师评价				

六、课后习题

（一）选择题

1. 以下不属于心脏骤停紧急救治办法的是（　　）。

　　A. 拨打 120　　　　　　B. 整理记录　　　　　C. 现场判断　　　　　D. 急救处理

2. 胸外按压频率至少（　　）次 / 分钟。

　　A. 90　　　　　　　　　B. 100　　　　　　　　C. 110　　　　　　　　D. 120

3. 胸外心脏按压与人工呼吸的比例为（　　）。

　　A. 5 : 1　　　　　　　　B. 15 : 1　　　　　　　C. 30 : 2　　　　　　　D. 2 : 30

（二）判断题

1. 完成 5 个循环或者 2 分钟操作之后，评估呼吸和大动脉搏动情况，评估时间不超过 10 秒。（　　）

2. 心肺复苏的体位应仰卧于坚硬平面上。（　　）

（三）简答题

1. 如果婴幼儿发生异物卡喉，如何进行现场救护？

2. 请简述心脏骤停的紧急救治办法。

（四）思考题

某托幼机构，宝宝们正在玩耍，乐乐抓起一个小玩具放进嘴巴。照护者及时发现，立马上前查看情况。

请问乐乐可能遇到什么问题？照护者如何正确处理？

参考文献

［1］丁昀．育婴员（初级、中级、高级）［M］．北京：中国劳动社会保障出版社，2013．

［2］彭英．幼儿照护职业技能教材（中级）［M］．第1版．长沙：湖南科学技术出版社，2020．

［3］张婷婷，刘芳，刘欣．幼儿营养与膳食管理［M］．第1版．北京：中国人民大学出版社，2020．

［4］代晓明，谭文．学前儿童卫生学［M］．第二版．上海：复旦大学出版社，2020．

［5］梁燕．学前卫生学［M］．第1版．南京：南京师范大学出版社，2017．

［6］人力资源和社会保障部中国就业培训技术指导中心．育婴员［M］．修订版．北京：海洋出版社，2019．

［7］李明，王乐．婴幼儿卫生与保健［M］．北京：北京出版集团，北京出版社，北京教育出版社，2021．

［8］［美］塔尼娅·奥尔特曼．美国儿科学会育儿百科［M］．第7版．；唐亚，等译．北京：北京科学技术出版社，2020．

［9］高峰青，龚勋．大学生问题性社交网络使用与睡眠质量的关系：基于平行潜变量增长模型［J］．黑龙江高教研究，2022（11）：123–128．

［10］张斌，毛惠梨，刘静，等．大学生手机依赖与睡眠质量的关系：反刍思维的中介作用［J］．教育生物杂志，2021（5）：173–178．

［11］黄小莲．婴幼儿如厕训练的合理性思考［J］．学前教育研究，2012（6）：53–56．

［12］李杏，沈彤，文建国，等．如厕训练发展历史与现状及其对儿童排泄功能的影响［J］．中华儿科杂志，2018，56（7）：555–557．

［13］曹方，宋柏林．小儿便秘的中医外治法应用研究［J］．中华中医药杂志，2020，35（10）：5219–5222．

［14］薛丽平，王娜．婴儿被动操在婴儿早期发育中的重要意义［J］．中国社区医师．2020（14）：172+174．